ちくま新書

日本人なら知っておきたい 四季の植物

湯浅浩史
Yuasa Hiroshi

1243

日本人なら知っておきたい四季の植物【目次】

まえがき　9

春

夏

秋

冬

写真＝鈴木庸夫

まえがき

日本には四季がある。温暖化で季節が早まったり、遅れたりすることはあっても、基本的にその流れは、昔から変わらない。

ふだん何げなく見ている景色も四季に移り変わる。それを彩るのは植物で、日本人は古くから関心を寄せ、行事や習俗に結びつけ、日々の暮らしに生かしてきた。日本人ほど行事に植物を取り入れた民族は少ない。正月の門松、二月節分の豆撒きにヒイラギ、三月ひな祭りのモモの花、五月五日のショウブ湯に七月七夕のタケ、八月の盆花。これらはいずれも暦に基づく行事で、行事そのものは中国の節句に由来しても、そこに用いられる植物は日本独自である。

さらに、暦によらない植物行事もある。中秋の月見は月の運行に従うので、当然毎年のように日が変わる。中秋の月見は中国でも盛んだが、ススキを飾ることはない。また、なぜ、数ある秋花の中でススキを立てるのであろうか。そこにはサトイモと組合せたり、モチではなく団子を供えることと合せて、有史以前の古い日本の風習が今なお息吹いているように思えてならない。

全く暦によらない日本独自の年中行事もある。その代表は花見で、サクラの花見と断わらなくても花見ときいただけでサクラの花が浮ぶ。毎年開花予測がされ、数輪開いただけで開花宣言が出され、満開となると、花見客のにぎわいぶりが一斉に報じられる。世界の新聞の中で、花の開花を一面で報じるのは日本だけである。また、集団で花を見て、酒を飲み、ごちそうを食べるのも、世界に類を見ない。

秋には花を七種(ななくさ)とセットにして数えたり、動物でないのに狩りと表現する紅葉狩り、花で人形を仕立てる菊人形と、日本人の四季の花や木への関心の深さは独特と言えよう。この伝統は暦のなかった時代、人々の暮らしのリズムが自然の動き、とりわけ花の開花で農作物の田畑の準備や種まきにかかる、いわゆる花暦が重視されていた伝統であろう。

花の開花は一般には温度に左右されると思われている。確かに目に見える蕾となってからは温度の影響が大きい。しかし、サクラを初め、春咲く花木は前年の夏から花の準備が始まっている。夏至を過ぎて日が短くなり、夜が長くなると、それに応じて花芽は分化する。ただ、葉がある間は葉で作られる植物ホルモンのアブシジン酸によって花芽の伸長が抑制され、落葉後にアブシジン酸が分解された後には、温度により開花が促進される。アサガオやキクなどは花芽の伸長が抑制されないので、夏から秋に咲く。

落葉樹の冬芽も夏至を過ぎてからすでに作り始められ、夏にはもう伸長を止め、肉眼でもわかる冬芽が形成されている。

†四季の彩りに目を向け、伝統文化を味わおう

これらの四季のリズムを日本人は古くから感じとり、暮らしに生かすと共に、花を楽しみ、稔りを喜んだ。現代は開花を日長や温度の人工的な調節で、年中鉢物や切り花が容易に得られるが、それは室内だけの観賞法で、野外や庭では自然にまかせた季節の移ろいがある。温暖化で多少の変動はあっても、それは暮らしにリズムを与えてくれる。人工的なものの中で生活を余儀なくされている現代だが、四季の彩りに目を向け、その

歴史や文化に触れればうるおいが得られよう。

日本の独自の伝統文化である和歌、俳句、生け花、また園芸植物にも日本の四季の草花や木々が関与し、それらの文化を育んだことはいなめない。

日本最古の歌集は『万葉集』で、一二五〇年をさかのぼる。その二〇巻四五一六首の歌の三分の一以上が植物関連の歌であり、名のわかる植物も一六三種類を数える。第一位はハギの一四二首だが、詠み人のわかるのは四割に過ぎない。一方、第二位のウメは、一一九首のうち四分の三近い八八首に詠み人の名が記されている。サクラは五〇首中詠み人は半数しかわからない。つまりウメは中国から伝来して間がなく、主として上流階級で好まれていたのに対して、ハギやサクラは名を残さなかった庶民らが、古くから親しんでいたと言えよう。

万葉時代、庭で栽培されていた植物は三〇種類ほどあるが、日本在来の種類は、花木がハギ、ヤマブキ、サクラ、フジ、アセビ、ツバキ、ウツギ、ツツジ、アジサイ、タチバナ、ネムノキの一一種類で、観賞木竹がマツ、カエデ、タケの三種類、草花がユリ、ナデシコ、ススキの三種類の合計一七種類あった。野外で観賞するだけでなく、身近な庭で四季の彩りをすでに楽しんでいたのである。その先覚者は大伴家持で、渡来種と合せると花木を一四種類、観賞木竹を三種類、草花を四種類の合計二一種類もの植物を庭で栽培していた。ヤマブキ、フジ、ユリなどは山から引き植えた動機も詠んでいる。

平安時代になると『古今和歌集』で代表されるように歌は、まず春、夏、秋、冬の季節別に分類される。そしてその四季を分ける主要な構成要素は植物が占める。以降和歌の分類において季節は第一の要項となり、後の俳句の季語につながる。

万葉時代は天皇自らも野に出て、自然を楽しめたが、平安時代になると上流階級も野山に出かけるのは少なくなってしまう。そんな中で四季の花々を楽しむ情景が紫式部の『源氏物語』に描かれている。光源氏は三十五歳になると親しい女性のもとに出かけて行くライフスタイルから縁のあった女性を一カ所に集めた六条院で暮らす。といってもライバルの女性たちに配慮し、四季の庭を造り、お互い隔てて住まわす。その春、夏、秋、冬の庭には、それぞれの季節を特色づける木々や草花を配する。これは日本の造園の趣向の一つの様式であり、自由に行動できない女房紫式部の理想の庭であったと言えよう。

庭に四季の草木を集めて愛でる暮らしは、鎌倉時代の藤原定家（ふじわらのていか）も好んだ。日記『明月記』の庭の植物は四五種類にも及ぶ。兼好法師も『徒然草』で庭にありたき木々と草をあげる。室町時代、一条兼良（いちじょうかねら）は『尺素往来（せきそおうらい）』で庭に植える植物として、四季別に一一六種類も列挙する。

室町時代に展開し始めた生け花も、室内に四季の彩りを持ちこむという新しい観賞法を確立させた。江戸時代はさらに庶民がアサガオやキクなどのように鉢植えの園芸で季節を楽しんだ。この伝統は江戸時代に日本を訪れた欧米人を驚かせたが、欧米で庶民が花を栽培したり、室内で花を生けて飾るのは十九世紀からで、日本よりはるかに遅い。

現代、花々は年中入手できるが、四季折々の彩りに目を向け、その伝統を知るのも、暮らしにうるおいをもたらしてくれよう。

なお、本書では植物名は基本的に片仮名で表記した。これは紫陽花が本来、中国ではアジサイでなく、萩がハギでないように、漢名と和名が一致しない植物がある上、現在、植物学上は、片仮名表記が定着しているからである。

春

ウメ　花、実、枝、それぞれに味わい

†古代より日本人の生活に深く根ざす

春は待ち遠しい。花のあふれる現代ですら戸外の花のほころびが、春の息吹(いぶき)をもたらす。そのさきがけの一つは、ウメ。

梅一輪一輪ほどのあたたかさ

この嵐雪(らんせつ)の句に、厳しい寒さの中で、春を待ちわびる昔の人の気持ちがこめられていよう。

日本人とウメのつきあいは『万葉集』に始まる。一一九首詠(よ)まれ、秋のハギに次ぐ人気。春の花では、サクラの倍を軽く超す。『万葉集』のサクラは、広く解釈すれば五〇首歌われているが、それを詠んだ人の名がわかるのは、半数の二六首に過ぎない。対してウメは、八八首で四分の三の詠者がわかる。これは何を意味するのだろうか。

サクラは在来の春の花であり、名もしれない庶民も見て、歌った。一方、ウメは中国

ウメ（白難波）

から渡来して間がなく、万葉の時代は珍しかった花で、まだ上流階級の人たちしか目にすることができなかったに違いない。そして、白梅の雪を思わせる白さに目を奪われた。

ウメの語源は中国のウメの発音の「め」に基づこう。一方、『万葉集』にはウメを黒い「烏梅」と表記する歌もある。ウメの実は漢字の「梅」の中に「母」を含むように、古代の中国では妊婦のつわりに重宝され、「塩梅（あんばい）」の熟語が示す梅干しのほか、いぶして黒くした烏梅（うばい）が漢方では鎮咳（ちんがい）、去痰（きょたん）、解熱（げねつ）、止血、駆虫などの薬として古来利用されてきた。ウメの木が伝わる以前から薬用の烏梅が「うめ」として日本にもたらされ、それが花木にも使われたとする説もある。

†藤原定家が愛してやまなかった花

ウメには白梅のほか紅梅もあるが、『万葉集』に紅梅は欠く。中国ではすでに漢代から紅梅の品種が知られるものの、日本にはおくれて平安時代に伝わったとみられる。『古今和歌集』（九〇五年）では、紀貫之が「色も香も昔の濃さに匂へども植ゑけむ人の影ぞ恋しき」（八五一番）と詠んだウメは、色の濃さの表現から紅梅であろう。

『源氏物語』では紅梅が効果的に描写され、清少納言は『枕草子』で「木の花は、濃きも薄きも紅梅」とたたえた。

ウメの花は香りもすばらしい。ところが、渡来した初期には関心が払われていなかった。『万葉集』では一一九首中、香りにふれるのは二〇巻四五一六首の終りに近い巻二〇―四五〇〇番の市原王の「梅の花香をかぐはしみ……」と歌う一首のみである。それが『古今和歌集』では、ウメの歌三〇首中約半数の一六首がその香りを歌う。

鎌倉時代の歌人藤原定家は、十九歳の折、父俊成の家が類焼する。その夜「庭梅盛んに開き、芬芳四散す」と愛で、寝つかれず再びウメを見ていて近くの火の手に気づいたと、生涯の日記『明月記』に書かれている。定家は晩年、庭に単の白梅以外に八重の白梅と紅梅、早咲きの紅梅、色と香りの強い紅梅の単などを植えて楽しんだ。

花や実以外にウメは、古色蒼然たる枝ぶりもよい。勝海舟はその風格に目を止めた。

へつらはぬ枝の強さよ梅の花

モモ

ひな祭りと桃の花

✝ひな祭りにモモの花をなぜ飾るのか？

三月の行事は、三日のひな祭り。桃の節句といわれ、モモの花が飾られる。女の子のお祭りには、明るく美しいモモの花は、よく似合う。ただ、現代の暦では、モモが咲くには、まだ早い。そのため、出回るモモの花は温度をかけて蕾をふくらませた促成花である。

一カ月遅れの旧暦なら、自然に開花し、三月三日の節句に使われても、違和感はない。しかし、考えてみれば、その頃にはサクラも咲き始めている。サクラの花は華やかで、モモの花にひけはとらない。それなのにモモの花が選ばれたのは、どうしてだろうか。

解く鍵は、「桃」の漢字にある。

桃は木偏に兆の旁(つくり)で構成される。兆はきざし。そこに桃の持つ重要な意義が潜む。中国の古代、殷（商）は牛の肩甲骨を薄く削り、そこに焼いた棒を押しつけ、そのひび割れで占いを行った。左右に対をなす文言を書き、どちらにひび割れが走るかで、吉兆を占ったのである。ひびが走った状態を表したのが兆で、転じて割れる、わかれる、離れ

ハナモモ

るの意味が生じた。「逃」は対象からの離れを、「跳」は地面と足が離れる現象を表意する。

桃の原義も割れる、わかれるにある。それは花ではなく果実に基づく。モモの古い品種は果実が手で一つに割れた。その特徴を持つ果物は、殷代の中国ではほかに知られていなかったから、桃の字があてられたのである。

†陽のパワーが邪を退ける

さらにモモの花は明るく、春早くに咲き、陰気な冬を終わらす陽の花とみられた。陰と陽の対立する陰陽の世界は、中国の古代から続く重要な概念であり、陽のパワーが重視される。

病気や魔物、また鬼は陰であり、それをはらうには陽の力が必要であり、モモはそれを備えているとみられた。六世紀に中国で著された『荊楚歳時記』には「桃は不死のしるしで、五行の精にして、よく百怪を制す。これを仙木という」と述べ、また、古書を引いて、桃都山に大桃樹があり、その下にいる鬱と塁の二神が鬼を見張り、人に害をおよぼす鬼を殺すので、鬼は桃の木を恐れると記す。後代、門の両側にモモの枝を挿し、邪除けとした。これが、現代も正月に門や戸に赤い紙を貼る春聯（しゅんれん）に形を変えて伝わる。鬼がモモを忌む思想は日本に伝わり、桃太郎の鬼退治が作られた。描かれるモモが、先が尖り、二つに割れる古いモモの姿である。

三月の節句にひな人形を飾る風習は中国にはないが、古代、三月の第一の巳の日、上巳（じょうし）に桃の花の流れる川の水を飲んで禊をし、穢をはらった。それが日本では『源氏物語』の須磨の帖に書かれているように、お祓いをした人形を舟に乗せて流す、いわゆる流しびなに形を変える。さらに鎌倉時代に木で内裏びなが作られ、江戸時代に現代のようなひな人形に発展した。

女の子の健やかな成長を願い、邪を退けるには、中国の古代の思いが底流しているとはいえ、モモの花は華やかで、ふさわしい。

サクラ

花見の起源を名が解く

サクラほど、日本人の心を捉える花は、ないであろう。開花の予想が競われ、咲き始めると連日のようにマスコミが報じ、新聞では一面を飾る。世界の花の中で、こんな花は、ほかにはない。

†精神文化に基づいた歴史が息吹く

しかも、集団で花見をする。酒を飲み、ごちそうを食べ、興ずれば歌い、踊る。花の下でのこのような風習は、世界に類を見ない。それにサクラの花見と断わらなくとも、単に花見で通じ、さらに、丁寧に御を冠し、お花見と称す。どうしてだろうか。余りにも当り前すぎるが、これは単に風流な花風俗にとどまらない。

花見の根幹には、日本人のなりわいや精神文化に基づいた歴史が息吹く。それを解く手がかりは、名にある。といっても、桜ではない。サクラの名称に深い意味が潜む。

ソメイヨシノ

桜は中国の漢字の櫻に由来する。櫻の字は二つの貝と女、それに木から構成される。これを昔は、「二かいの女がきにかかる」と覚えたそうだ。貝と階、木と気をかけたしゃれであり、難しい漢字がスーッと頭に入る。それにしても木は理解できるが、なぜ、女に貝なのか。サクラの花を女性の美しさにたとえたという見方では、貝が解けない。中国の古代の貝は宝貝で、貨幣に使われた。それとサクラとどう関係するのだろうか。ヒントは関連の漢字にある。纓と瓔で、「えい」とか「よう」と読まれる。

†稲の神が宿るサクラの花

纓は糸偏が示すように冠を結ぶひもで、瓔は偏が玉から転じ、玉(ぎょく)を連ねた飾りである。旁(つくり)の嬰は宝貝を二つに組み合わせた女性の首飾りから作られた漢字とみられる。では、サクラの木のどこがそれに当るかといえば、サクランボである。二つ連なり、光沢があって美しい実が、宝貝の女性の首飾りに似ると見立てられたのである。サクランボのように長い柄で二つが組み合わさる果実は、珍しい。つまり、櫻は花に因(ちな)んだ名ではなく、シナミザクラの果実に基づくのである。

対して日本のサクラの語源は、現代はサとクラから成るという見方が有力である。そのサは五月（さつき）、五月雨（さみだれ）、五月晴れ（さつきばれ）のサで、旧暦の五月は現在の六月頃にあたり、梅雨の季節である。その雨が五月雨で、雨続きの日々にたまたま晴れるのが五月晴れとされた。

さらに早乙女（さおとめ）、早苗（さなえ）、早苗饗（さなぶり）のサでもあり、美しく着飾った乙女が稲の苗を田に植え、それが済んだ後にお祝いの早苗饗を催す。つまり、これらのサは稲に関連する。

一方、クラは鞍、蔵とも通じる座（くら）が語源で磐座（いわくら）が示すように神の座す御座所である。

春になり、稲の神（サ）が里に帰ると、サクラに座し、サクラの花が咲く。それを見に人びとは集い、神酒（おみき）をあげ、ごちそうを饗（きょう）し、歌い、踊り、神とともに楽しみ、神を喜ばせて秋の豊作を願い、前祝いをする。その際、花の咲き方で、その年の気候をうかがい、田の作業にかかる。

サクラの花は稲作の民の願いにつながり、現代人にも春の喜びを与えてくれる。

八重ザクラ

現代の代表品種は鎌倉に起源

✝八重ザクラの変遷

現代、サクラは多くの地で二度楽しめる。第一陣は三月末から四月初めに咲くソメイヨシノ。第二陣は二週間ほど遅れて開く八重ザクラである。

現代の八重ザクラは、里桜（さとざくら）とも呼ばれ、オオシマザクラ系が多い。一方、古歌に詠まれる八重桜は、それとは全く別な種類であり、伊勢大輔の次の歌でよく知られる。

いにしへの奈良の都の八重桜　今日九重ににほひぬるかな

紫式部も仕えた中宮彰子のもとに奈良の興福寺から八重桜が届き、それを大輔が詠んだのである。伝承によれば、聖武天皇が三笠山の奥で見出し、光明皇后のために引き植

普賢象（フゲンゾウ）

えた八重桜が、孝謙天皇の時代に興福寺へ僧たちによって移植されたという。

　伊勢大輔の歌により、以降奈良の八重桜として強く印象づけられる。奈良の八重桜は江戸時代まで記述や絵が残るが、明治時代には正体が不明になっていた。それをサクラ博士として名をなした三好学東大教授が、奈良の知足院の裏山で大正一一年（一九二二）に再発見し、現在に伝わる。これは葉に毛のあるカスミザクラ（ケヤマザクラ）の八重咲きとされるが、小清水卓二博士の研究によると、種子を播くと八〇パーセントがカスミザクラ、一七パーセントがヤマザクラ、三パーセントが親と同じ奈良八重桜であり、カスミザクラとヤマザクラの自然雑種を思わせる。

†現代の八重ザクラは鎌倉時代から

吉田兼好は『徒然草』（一三三一年）で、「八重桜は奈良の都にのみありけるを、このごろぞ世に多くなり侍るなる」（一三九段）と書いた。この八重桜は鎌倉時代に鎌倉で見い出されたオオシマザクラ系の八重ザクラで、鎌倉桜と称されていた種類であろう。その代表的な品種の一つ普賢象（フゲンゾウ）の名は、室町時代に応仁の乱が終った直後の一四七七年に記録されている。

応仁の乱は京都を東西に二分して東軍と西軍が十年あまり戦火を交えた。東軍の旗頭（はたがしら）細川勝元に仕えた僧の横川景三（おうせんけいざん）は、漢詩の中で、都の西のサクラの普賢象を七年も見られず、蝶ですら都の東西を飛び交えないほどであったが、乱が終って逢えるのは春の夢のようだと喜ぶ。その序で鎌倉に普賢を安置する堂があり、そこのサクラを普賢堂、あるいは花が白く大きく菩薩の乗る象の鼻のようなので普賢象と呼ぶと由来を述べている。花が大きく白いのはオオシマザクラの特徴で、八重咲きの普賢象は雌しべが象の鼻のように突出する。

　現在の鎌倉には普賢堂はないが、昭和の初めの鎌倉の地図には普賢象山が出ている。そこは鎌倉市材木座四丁目の低い山で、オオシマザクラやヤマザクラが尾根筋に群生する。

　普賢象山の奥は桐ガ谷（きりやつ）とも呼ばれ、江戸時代の那波活所（なわかっしょ）の『桜譜』（一六四七年頃）には「桐谷は桜の第一と為す。色は白くして微（かす）かに紅……原（もと）は鎌倉桐谷に出ず」と載る。

　八重ザクラの歴史は、明治に藤野寄命が上野公園の精養軒の前で発見、江戸の頃の花の産地の染井と、古来のサクラの名所吉野山に因んで命名したソメイヨシノより、はるかに古いのである。

ナノハナ

菜の花の今昔

†灯火の燃料として重用された種子

人には原風景がある。唱歌の「朧月夜」の菜の花畑に郷愁を覚える人もいよう。昭和三十年代まで日本の農村の春は、菜の花の明るい黄色の彩りで始まり、続くレンゲの赤紫色の花、麦畑の緑と美しく、移り変わった。この農村の春の風景が変容したのは、いくつもの要因が重なる。

レンゲが消失したのは、田植えを開始する時期が一カ月ほど早くなったとともに、化学肥料の普及も影響した。稲刈りが終わった後、レンゲは種子が播かれ、冬の水田で育てられて、花後は田にすきこまれ、緑肥とされた。田植えが六月なら、レンゲは土中で発酵、分解されて肥料になるのだが、五月の田植えでは分解する前に腐敗してしまい、イネの根が傷み、緑肥の役目をはたせない。

セイヨウアブラナ

　菜の花畑の衰退は、また違う理由による。菜の花はアブラナの花である。アブラナは油菜で、種子から菜(な)種(たね)油が採れる。菜種油は江戸時代は、行灯(あんどん)などの灯火に欠かせない重要な油であった。明治になっても、電気が来ていない農村では、ランプの灯りに利用された。「朧月夜」を作詞した高野辰之は、奥信濃の永田村(現・中野市)で育ったが、大正九年にやっと電灯がついたという。歌が発表された大正三年には、まだランプ生活で、そのためアブラナが盛んに栽培され、春には菜の花畑が一面に広がっていたのである。

†時代とともに変容しつつ

昭和になると、ごく一部の寒村を除けば電気が普及し、ランプは姿を消し、そのための菜種油も必要でなくなった。ただし、それに代わる需要は、食生活の改善とともに食用油が増加し、アブラナの栽培は続いた。それが根本的に揺らいだのは、昭和三十六年以降、ダイズの貿易自由化による安い大豆の大量輸入が可能になり、大豆油が生産されたからであった。

アブラナの種子は小さく、脱粒、採種に手間がかかり、また、米作りが一カ月余り早まったため、冬に裏作でアブラナを育て、種子を熟させるには、田植えが間に合わなくなってしまう。

アブラナは現在も青森や九州の一部では、まとまって栽培され、さらに観光用に復活がはかられたり、生け花や食用に需要がある。しかし、一口に菜の花、菜花といっても、その種類は同じではない。

油を採るアブラナも、古くからの在来の品種は、花が花茎の先端にかたまって咲き、葉は毛がなく、緑色をしている。一方、現在、菜種油用の品種の主力は別種のセイヨウアブラナである。その花は下から次々と咲き上り、葉は白い粉を吹き、葉の条（葉脈）には毛が生えている。

生け花用に春先に売られているのは、チリメンハクサイの花が多い。これは結球しないハクサイの仲間で、葉を見れば縮れているので、すぐ見分けがつく。食用の菜花にもこのチリメンハクサイの花蕾（からい）が使われる。

菜の花は時代とともに変容しながらも、脈々と日本の春の花として生き続けている。

スミレ　日本は世界一のスミレ王国

†万葉歌人はなぜスミレを摘んだのか？

地際（じぎわ）の小さい花でありながら、スミレは誰でも知っている。日本人はなぜスミレが好きなのだろうか。

スミレに関心がもたれた歴史は古い。すでに『万葉集』で四首詠まれている。中でも注目されるのが、山部赤人（やまべのあかひと）の次の歌である。

春の野にすみれ摘みにと来（こ）しわれぞ　野をなつかしみ一夜寝にける
（巻八―一四二四番）

春の野にスミレを摘み行き、一夜を過す。これはどういう事態であったのか。すなおに解釈すれば、スミレを摘みに来て、野がなつかしく、そこで一晩泊ったととれる。もっとも野で寝るといっても、実際、野宿したのではなかろう。

山部赤人のスミレの歌は、『万葉集』では、ほかの三首の歌とともに載る。その四首

スミレ

目の一四二七番の歌は「明日よりは春菜摘まむと標し野に　昨日も今日も雪は降りつつ」で、その「標し野」とは額田王の有名な「あかねさす紫野行き標野行き野守は見ずや……」（巻一―二〇番）の標野と同じであろう。ムラサキや薬草などを管轄する朝廷の野で、そこには管理をまかされた野守がいた。野守が見張りに使う小屋もあったはずで、赤人はそこに泊ったのであろう。「なつかしい」と感じたのは一四二七番の歌のように何日も雪が止むのを待つことがあったか、次の大伴池主の長歌のように女性たちと一緒にスミレを摘んだ思い出の地だったとみられる。

大君の命かしこみ……春の野にすみれを摘むと白妙の袖折り反し　紅の赤裳裾引き
乙女らは……
（巻一七―三九七三番）

†種類数は一五〇を超える

では、何のためにスミレを摘んだのであろうか。その解釈は三つ。一つは花を愛でるため、また、花を染色に使う。あるいは食用。単に愛でるだけならわざわざ遠く離れた標野まで足を運ばなくても済む。また、スミレで花染めできるかは定かでない。一方、スミレの花は食べられる。スミレ属にはスミレサイシンのように細いながら根も食用にされる種類がある。とろみがするそうだ。台湾では葉も食べられ、山地でざる一ぱいに野菜として売られているのを見かけた。

『万葉集』以降、平安文学ではスミレは姿を見せないが、末期に西行（さいぎょう）は荒れた庭や田の畔（あぜ）のスミレ摘みを三首詠む。定家（ていか）もスミレを摘む歌を三首詠んでいる。それ以外の視点でスミレが親しまれるのは、江戸時代の一茶や芭蕉の句によるところが大きい。

今まで単にスミレと述べてきたが、スミレには総称以外に、スミレという一つの種（しゅ）がある。それはタチツボスミレやアカネスミレのように全国どこにでも見られ、葉が長細く、へら形で、ハートのように葉身の基部が凹（へこ）まず、茎は立たず、花は濃い紫色である。

スミレ属は北海道から沖縄、また低地から高山とさまざまな場所に生えていて、原種だけでも六〇種近い。そして変種や品種、また雑種と、その種類数は何と一五〇を超す。日本は世界一種類が多いスミレ王国である。

タンポポ

子供の遊びから名

†広がる雑種タンポポ

タンポポは子供が最初に覚える野草の一つである。野草と言っても、道端、校庭、土手や田んぼの畦などむしろ身近な場所に多い。今、ふつうにみかけるタンポポは外来種のセイヨウタンポポとされ、日本の在来のタンポポは人里ではほとんど目にしない。

在来のタンポポは、基本的に春にしか花が咲かない。一方、外来種のタンポポは花期が長く、秋まで咲く。さすがに真冬には咲かないものの初冬に開花していたりする。生物季節の指標としてタンポポがいつ咲き始めたかを観察する際には、十分気をつけないと、早咲きではなく、その年の最も遅い開花の場合もある。

花期が長いと、種子もたくさん生産され、しかも在来のタンポポが虫媒花なのに対して外来種は虫媒によらない無融合生殖でも種子ができる。そのため繁殖力の差で在来の

カントウタンポポ

タンポポは姿を消したとされていた。ところが近年の研究ではセイヨウタンポポとみられていた中には在来タンポポとの雑種が七〜八割も混っている場所もあることがわかってきた。総苞片が全て反り返る個体以外は、雑種のアイノコセイヨウタンポポである。

タンポポの名は親しみやすいが、ポが二つ並ぶなど他の植物名とは異質である。語源は何であろうか。タンポポの名は古典文学には全く顔を出さない。

タンポポの漢名は蒲公英で、それに平安時代の『本草和名』（九一八年ごろ）は和名として布知奈と多奈をあてた。『倭名類聚鈔』（九三一〜九三八年）でも布知奈や太奈と表記されている。「たな」は田菜で、「ふちな」は田畑の縁や道端によく生える縁菜に由来しよう。菜で扱われているのは、食用にされたからであろう。貝原益軒の『菜譜』（一七〇四年）には畑で栽培する圃菜の中にタンポポをあげる。

セイヨウタンポポもイギリスやフランスなどではサラダにされ、ヨーロッパからアメリカに伝わり、それが明治初年、札幌農学校（現北海道大学）に種子導入され、野生化し、広がった。

名前は鼓の響きに由来？

タンポポの名の語源を牧野富太郎は花茎と花序が、綿を布で丸めて棒にさしたタンポに似ていることから由来したとみた。タンポは本来フランス語で砲口の栓あるいは綿球を意味する tampon に基づくので、江戸時代にフランス語から名づけられたとは考えにくい。

柳田国男は鼓の響きのタンポンポンに基づくとした。タンポポの花茎を短く切り取り、両端に切れこみを複数入れ水につけると、両端がめくれて反り、鼓に似た形になる。確かに方言にタンポン、タンポンポン、タタンポ、タンタンポポなど鼓の擬音を思わせる名があり、ツヅミグサというずばりの名も福井県に残る。元禄の園芸書『花壇地錦抄』(一六九五年)には「白つづみ草」を「白せんやう(千葉)たんほほ」とする。

花茎が中空のヒガンバナや茎が中空のイタドリもタンポポやタンボの方言があり、切って鼓を作った子供の遊びから名づいたに違いなかろう。そのため身近な存在でありながら、江戸以前の和歌や古典文学に、タンポポの名は顔を出さないのであろう。

ミツマタ

実用兼備の花

†紙幣の原料として欠かせない植物

ミツマタの名を聞いて、イメージできる人は、園芸好きか、年配者であろうか。私の学んだ中学校では校舎の北側に植えられていた。この木が日本人の生活に重要な木であることを教えるためであったと思われる。

ミツマタは和紙の原料の一つである。その樹皮で漉(す)かれた紙は、質が良く、丈夫。江戸時代までコウゾ、ガンピと並び、和紙には欠かせない存在であった。明治以降は木材パルプから作る洋紙に主役の座を奪われてしまうが、新たに重要な用途が生じた。お札(さつ)である。

明治の初めはガンピやコウゾも紙幣に使われていたが、明治十二年頃からは栽培が容易で安定して供給されるミツマタに替った。ミツマタは繊維が柔らかくて加工しやすく、

ミツマタ

緻密な図案も鮮やかに印刷できる。日本のお札の手ざわり、丈夫さなど、その紙質はふだんあまり気にとめていないが、海外に行くと改めてその良さを実感できる。

近年はフィリピンのミンダナオ島産で芭蕉のなかまのアバカ（マニラ麻）も混ぜられてはい

るが、その品質はやはりミツマタによるところが大きい。
東京の虎ノ門二丁目にある国立印刷局の前には、象徴的にミツマタが列植されている。

†『万葉集』の三枝はミツマタか

ミツマタの名が日本で最初に記録に残るのは、徳川家康が慶長三年（一五九八）に伊豆修善寺の紙屋の文左衛門に出した黒印状である。そこには豆州（伊豆）ではガンピやミツマタなどの紙の原料を修善寺の文左衛門以外は切るべからずと、独占できるお墨付きが与えられている。豆州では、と断っているところからすれば、当時、他の地域でもミツマタは栽培されていたとみられる。

ミツマタは中国原産で、これがいつ日本にもたらされたかについては、室町時代が有力と思われるが、奈良時代にさかのぼるという説もある。その根拠とされたのは『万葉集』の柿本人麻呂の歌である。

春さればまず三枝の幸くあらば　後にも逢はむな恋ひそ吾妹（巻一〇—一八九五番）

春になって真っ先に咲く三枝のように無事に（幸く）いたら、後に逢えよう。恋い焦がれないで、私の愛しい人よ。何らかの事情で逢えない人の恋心をおもんぱかった歌だが、この三枝をミツマタとみるのである。

三枝はさえぐさ、さいぐさと読まれたりするが、ここではまず「咲き」を「幸（さき）」にかけているので、「さきくさ」がふさわしい。しかし、現在通用している和名にその名はない。

サキクサは何か。古来それにあてられた植物は十指に及ぶが、三つの枝を持ち、春の初めに開花する特徴からジンチョウゲとミツマタが有力視されている。しかし『古今和歌集』の序では「三枝のみつば、よつば」と歌われ、両者とは合わない。三枝と三葉を持つのは、日本原産のミツバツツジがふさわしい。

ミツマタはジンチョウゲと同じ科で、同様にかんざし状に花を密生させる。ただし、花弁のように見えるのは、両者ともに萼（がく）で花弁はない。ミツマタは花にも意外性がある。

ヤマブキ

万葉時代の恋の花

†八重咲きには実が成らない

現代の若者は、バラはわかっても、まずヤマブキを知らない。ヤマブキの花はかつて恋人に見立てられ、ヤマブキの故事がなければ東京が日本の中心になれたかどうか。

女性を花にたとえる風習は、世界中でみられる。日本でその最も古い花は『古事記』の「雄略天皇」に載るハスである。

八世紀の『万葉集』にはナデシコとともにヤマブキの花が女性に重ねられている。

山吹を屋戸(やど)に植ゑては見るごとに　思(おも)ひは止(や)まず恋こそまされ

（大伴家持　巻一九―四一八六番）

ヤマブキ

屋戸は庭。家持は谷辺からヤマブキを折らずに心がなごむだろうと、引き植えて、恋人に見立て、想いをはせる。

『万葉集』にヤマブキは一七首詠まれているが、うち九首は恋や想いがらみで、次のような歌もある。

花咲きて実は成らずとも長き日に　思ほゆるかも山振の花　（巻一〇—一八六〇番）

この恋は片想いであろう。詠み人の名はわからないが男性で、失恋してもなお思いこがれる人の面影をヤマブキの花に求めている。

野山のヤマブキの花は単で、秋に乾いた小さい果実が星形に五個ほど集まって成り、中に薄い果皮のぴったりとくっついた三ミリほどの種子を一個ずつ含む。

実が成らないのは八重咲きのヤマブキで、雄しべや雌しべが花弁化したためである。恋の成就を実の成らないことに掛けるとしたら八重咲きのヤマブキがふさわしい。とすれば奈良八重桜とともに最も古い八重咲きの品種といえよう。奈良八重桜は伝承によれば聖武天皇が三笠山で見出されたとされる。

†ジャパニーズローズ

八重咲きのヤマブキは室町時代、太田道灌（一四三二—八六年）の故事をうむ。若き日、道灌は鷹狩りの途中、にわか雨にあい、農家で雨具を借りようとした時、娘が八重咲きのヤマブキの枝を差し出す。道灌は解せなかったが、雨具の蓑がないと、実のないで暗示させた気転のきいた断わりであった。その基になったのは『後拾遺和歌集』（一〇八六年）に載る兼明親王の次の歌である。

七重八重花は咲けども山吹の　みの一つだに無きぞ悲しき　（一一五四番）

道灌が立ち寄った場所は、現在の東京都新宿区山吹町から西早稲田面影橋西畔あたりとされる。道灌は自分の無学を恥じて勉強に励み、後に名将となり、江戸に城を築いた。徳川家康が江戸の地を拓けたのも、そこを居城にできたことが大きいと言えよう。道灌の逸話がなければ、別な場所を拠点にしたかもしれない。東京も存在しなかったかもしれない。

ヤマブキは英名をジャパニーズローズという。正確には属が異なり、茎に刺はないが、花の感じは単咲きのバラを思わせる。ヤマブキに香はほとんどなく、鼻を近づければ、かすかにバラの花の香がするくらい。ただ、文化の香は深く漂う日本の花である。

フジ

古代、造築をになった

フジは、古代から日本人が、目をかけた植物である。花の美しさは、サクラと並び、茎のたくましさ、実用性は、マツに引けをとらない。

いかに親近だったか、その最も身近な根拠を示そう。姓である。藤を含む姓は、桜や竹を陵駕(りょうが)し、松と競い、二〇〇に及ぼう。

†藤田、斎藤、佐藤……「藤」を含む姓の数々

藤山、藤原、藤川、藤島のように地勢と結びついた姓は、藤岡、藤坂、藤森、藤林、藤野、藤石、藤沢、藤谷、藤沼、藤池、藤瀬、藤崎、藤浦、藤江、藤海など実に多い。

一方、人為を伴う藤の姓として、藤田、藤村、藤里、藤宮、藤城、藤井、藤家、藤倉、藤堂、藤垣、藤庭、藤塚、藤牧などがある。

加えて、フジの特徴に基づく藤本、藤下、藤枝、藤巻、藤波、藤咲、山藤、谷藤、白

ノダフジ

藤、夏藤などや、さらに藤間、藤子、藤尾、藤代、また、佐藤、加藤、斎藤、伊藤、遠藤、安藤、武藤や近藤のように「とう」と読ませる姓も入れると、その人口は日本最多になろう。

フジはなぜ表徴（ひょうちょう）にされたのか、一つは、もちろん花の美しさである。

その認識は古く、現存する日本最古の書『古事記』（七一二年）に、効果的な演出をはたす神話が載る。春山霞壮夫(はるやまのかすみおとこ)は、兄に出石乙女(いずしおとめ)との結婚をそそのかされるも、自信がなく、母に相談したところ、母はフジで上衣、袴(はかま)、沓(くつ)を織り縫(ぬ)いフジづるの弓矢を与える。弟がそれをつけ乙女のもとに出向いたところ、装束や弓矢に一斉に花が咲き、首尾よく目的をかなえる。

この神話は荒唐無稽(こうとうむけい)に思われるが、古代の人々にとっては、現実の生活とかけ離れた想定ではなかったと言える。フジの内皮から丈夫な繊維がとれ、それを織った衣服が実際に作られていたのである。作業着にむき、『万葉集』に歌われている。

大王(おおきみ)の塩焼く海人(あま)の藤衣　なれはすれどもいやめずらしも　（巻一二―二九七一番）

めずらしもは愛着を覚える意。海藻から煮つめて塩を得る重作業に着られたりした。石油製品のナイロンが登場する戦後にも、なお、その繊維は畳のへりに使われていた。

†古代における最強の綱

フジのつるは、古代の日本では最強の綱であった。車輪のなかった古墳時代に巨石を運ぶには、修羅（しゅら）という巨大な木ぞりを用い、それを大勢の人が綱で引いた。修羅場という言葉が現代にまで残るように大変な作業であり、その牽引を支えるにはフジづるを必要とした。飛鳥時代の宮殿などの壮大な建築物の柱なども、そうして運んだとみられる。フジは、古代には権力者にとって、価値のある運搬資材であったと言える。その重要性は、次の故事が裏付ける。

大化の改新を推進した中臣鎌足（なかとみのかまたり）が、落馬で死に面した際、見舞った天智（てんじ）天皇は、藤原姓を与えた。フジが茂る原に、古代の土木工事の権利を授け、子孫の繁栄を保証し、鎌足をたたえ、安心させたのであろう。

藤原一族は以降、奈良時代、平安時代を通し、武士の台頭するまで、天皇の周辺で権力の中枢を占めるのである。今も、奈良の春日山は、その聖地としてフジが茂る。

フジは美しさと実用の二面性で、姓を表徴し、歴史を彩り、季節を飾る。

アセビ

毒性も利用

†害虫を駆除する自然農薬

近年はあまり取りあげられないが、一時エディブルフラワー（食用の花）がブームになった。ただ、なじみの花にも有毒植物は少なくない。スズランの花が食べられるとした記事のために園芸雑誌が回収されたこともあった。

毒草という言い方はされるが木にも有毒な種類がある。キョウチクトウと並び、身近な「毒木」の代表はアセビであろう。アセビの語源は「足しびれ」が縮ったという説がある。日本人は古代から十分その危険性に気づいていて名づけたといえよう。

人だけでなく、日本の動物も食べない。地域によってはシシクワズと呼ばれる。このシシとはシカをいう。確かに奈良公園や東北の金華山などシカの多い所では、低い木の葉は食べられてしまいアセビだけは茂っている。本能的に口にしないのである。

一方、アセビにあてる馬酔木は『万葉集』にすでに使われているが、日本で作られた国字。図体の大きなウマですら食べると酔っぱらったようになり、ふらつくとした命名であるが、ウマは本当にアセビを食べるであろうか。もっとも大陸からつれてこられた

アセビ

ウマだからアセビに出会っていなかった、あるいは飼育する渡来人がアセビの毒性を知らず与えてしまったウマが中毒したのであろうか。

アセビの有毒成分はアセボトキシン、アセボプルプリン、アセボイン、グラヤノトキシン系の毒性アルカロイドである。これらの毒を昔は有効利用していた。現代の農作物は害虫退治に化学薬品を使う。ただ、人工的な合成化学農薬は戦争中の毒ガス研究に端を発するのが多い。したがって二〇世紀の半ば以前には自然由来の農薬が使われていた。その一つがアセビで、煎汁を畑の農作物にかけて、アリマキ（アブラムシ）や菜っ葉の害虫モンシロチョウの幼虫を駆除した。また、牛馬につくダニやシラミも煎汁で洗い退治したり、くみ取り式の便所に枝葉を入れ、ハエのウジを殺した。そのためウジバライの名もあるほど。かつて農家の庭先にアセビを植えていたのは自然農薬の役目も兼ねていたからである。

†万葉庭園の花

アセビはもちろん観賞用としても、古くから栽培されていた。『万葉集』で詠まれたアセビの歌一〇首中、三首は庭のアセビを歌う。

をしの住む君がこの山斎(しま)今日見れば　安之婢(あしび)の花も咲きにけるかも

（巻二〇―四五一一番）

ヲシはオシドリ、山斎は庭の池に築かれた島山。そこにアセビが植えられ咲いていると大監物御方王(おおけんもつみかたのおおきみ)が詠んだ。アセビは葉が密生し、こぢんまりとまとまった低木で、剪定もさほど必要なく、害虫もつかない上、春にはスズラン状の白い花を長く咲かせるので、ツツジとともに万葉時代から日本庭園に取り入れられてきたのである。

『万葉集』では「安志妣(あしび)なす栄えし君」と繁栄の象徴にもたとえられている。ただし、平安時代の文学ではアセビは姿を見せず、再び書物に登場するのは江戸時代に園芸植物としてだが、いけばなでは、『替花伝秘書』（一六六一年）が、嫌いものの中にあせぼの名でアセビをあげる。アセビは二つの顔をもつのである。

ツツジ

飛鳥時代の庭園にも

†ツツジの種数が世界で最も多い国・日本

日本はツツジの王国である。北海道から沖縄の西表島（いりおもてじま）まで、その野生種は四五を数える。これに変種や自然雑種を加えると、野外に分布する種類だけでも七五を超えよう。

ツツジは、学名上、ロードデンドロンという属名（*Rhododendron*）で扱われる。一般に、また園芸上、ロードデンドロンはシャクナゲをイメージしよう。しかし、植物学的にはツツジはシャクナゲと同一の属に分類され、世界に八五〇種ほど知られている。中心地はヒマラヤで、その流れは中国に及び、圧倒的にシャクナゲが多い。

これに対し、日本ではシャクナゲは六種に過ぎず、ツツジは七倍以上の種を占める。世界で最もツツジに富む地域なのである。

日本で最初にツツジの名が見られるのは、『万葉集』で、九首詠まれている。

白雲の龍田山（たつたのやま）の……龍田道（ぢ）の丘辺の道に丹（に）つつじの薫（にほ）はむ時の……

（高橋虫麿　巻六―九七一番）

ジングウツツジ

岩の上に育つ野生のサツキの花

細領巾の鷺坂山の白つつじ　われににほはね妹に示さむ
（巻九―一六九四番）

これらはいずれも山野に生えるツツジを詠む。一方、次のような歌もある。

水伝う磯の浦廻の石つつじ　茂く開く道をまた見なむかも
（巻二―一八五番）

この磯は感覚では海岸を思い浮かべようが、実は庭園の一部をさす。飛鳥時代にすでに朝鮮から池を巡る回遊式庭園が導入、造られていた。池を海に見立て、その中に築いた山を島、そのほとりを磯と呼んだのである。

庭園の磯の岩の上にツツジが咲くも、その主はもうこの世にいない。仕えた舎人が美しいツツジから華やかだった往時をしのぶ。その挽歌が捧げられたのは、草壁皇子である。天武天皇の皇子で壬申の乱に功をたて、次期天皇と期待されながら若くして死去、住んでいた場所は明日香の島にあった。ただし、その庭園を築いたのは蘇我馬子で、大化の改新後、そこは離宮となった。

ツツジの野生種は、ふつう赤や赤紫色の花を咲かせる。『万葉集』にも龍田山では丹つつじが歌われている。一方、山城の久世の鷺坂山では白いサギと合せるように白つつじが詠まれる。園芸品種に白花のツツジは少なくないが、野生種では珍しい。名が与えられているのはシロバナヤマツツジくらいである。『万葉集』以降なぜかツツジはほとんど歌われなくなる。平安文学にも『枕草子』で襲に名があるに過ぎない。再び庭栽培が取りあげられるのは、五百年以上後の藤原定家の『明月記』で、寛喜三年（一二三一）三月十一日、八重咲きのツツジが開くと記される。

サツキを初め、各種のツツジの品種が一挙にふえるのは、江戸の元禄の頃である。特にサツキは現代、一種で月刊誌が出るほどの、世界にも類を見ない園芸植物に発展している。

バラ

日本のバラの来歴

†日本では刺から認識された

バラの歴史は古い。すでに古代ギリシャで品種が分化し、花弁が百枚におよぶ八重咲きも作り出されていた。

一方、日本では、近代になるまでバラは普及しなかった。それは一つには刺が嫌われたからであろう。生花の古書『仙伝抄』では「祝言に嫌むもの」として、いばら類や「しやうひ」（薔薇）をあげる。バラの名自体も刺に基づく。『万葉集』で一首詠まれている「うまら」は、刺原（うばら）から派生したとされる。

道の辺（へ）のうまらの末（うれ）に這（は）ほ豆の　からまる君を別（はか）れ行かむ
（丈部鳥（はせつかべのとり）　巻二〇―四三五二番）

コウシンバラ

防人（さきもり）としていばらの道を旅立つにあたり、親しい人との別れを惜しむ歌で、住んでいた場所は千葉県の南西部、現在の天羽町。バラの種類は道端で低く茂るテリハノイバラとみられる。その花は白く、芳香を放つが、それには触れられていない。日本のバラは花よりも一面に「刺原」を作り、人々の行動を妨げる代物として、まず認識されたといえよう。

†紀貫之が詠んだバラ

日本産のバラには富士、箱根のサンショウバラや北方系のハマナスなど、花が大きく美しい原種が分布するものの江戸時代以前に注目されることはなかった。

日本でバラの花を初めて取りあげるのは『古今和歌集』（九〇五年）の紀貫之の歌である。

我は今朝うひにそ見つる花の色を　あだなる物といふべかりけり

（巻一〇―四三六番）

今朝初めて見て、色が艶っぽいと言わなければならないと歌われた花がバラとは、直ちにはわからない。「今朝うひに」の中に隠されている「さうひ」は、「さうび」で、現代の発音ではショウビつまり薔薇である。

紀貫之は花の色が艶っぽいと感じているので、これは白花ではなく、紅い花であろう。前述したサンショウバラやハマナスの花も赤系の花だが、産地が離れた京の都で当時栽培されていたとは考えられない。中国からもたらされたバラであろう。その種類は歌からだけではわからない。ただ、日本で描かれたバラとして最も古い鎌倉時代の『春日権現記絵(かすがごんげんきえ)』（一三〇九年）には、太皇太后権大夫讃岐守藤原俊盛の館の庭園の池の側の築山に赤い花を咲かせたバラが一株描かれている（第五巻第二段）。枝先に一花ずつ四つの花が半八重に咲く特徴から、コウシンバラとみられる。

コウシンバラは庚申(こうしん)のある月、つまり隔月に長く咲き続けるのに因むと言われるが、長春花の名もあり、長春から恒春を経て「こうしん」となまったのであろうか。

バラの種類がふえるのは江戸時代からで、元禄の『花壇地錦抄』では一二種類のバラの名が上る。その一つ「らうざ」はローザ、西洋バラとみられる。「ちやうせん荊(いばら)」は「白大りん」の記述からナニワイバラと思われ、若冲は『薔薇小禽図』で正確にその花を描く。

一方、日本のノイバラは西欧に伝わり、耐病性と戻咲きの特徴が注目され、新しいつるバラの系統を誕生させた。

キリ

象徴と実用の伝統植物

†防湿性と耐熱性にすぐれる材

現代、キリは存在感が薄い。キリの木はまず見かけないし、箪笥(たんす)や箱などの桐製品も昔ほど利用されなくなった。しかし、金庫の内張りや琴、また、紋章などは今なお重要な役目をはたし、五〇〇円硬貨にも意匠されている。

キリの材は割れや狂いが少ない上、軽く、湿気を通さない。比重は平均〇・三で、日本産の材の中では最も軽い。木材の細胞が空隙に富み、空気を多く含むからで、この特質は湿気を防ぐ効果もうむ。湿気を吸って膨張するとふたがぴったりと密着、それ以上の湿気を通さない。桐箪笥や掛軸など貴重品を入れる桐箱に用いられる所以(ゆえん)である。

空気は断熱効果が高いので、空気を多く含む桐材は耐熱性にすぐれる。そのため金庫の内側に張って重要な書類やお札の焼失を防ぐのに利用。焼け、炭になっても効果は残

キリ

る。

キリの若木の葉は、日本の樹木の中では、ずば抜けて大きい。長さが三〇センチにもなる幅広い葉は、キリのすばやい成長を促す。

ただ、清少納言はそれを好まなかった。『枕草子』の「木の花は」の段で「葉のひろごりざまぞ、うたてこちたけれ」、葉は大きすぎてそぐわないと見る。一方、花は「紫に咲きたるは、なほをかし」、趣があると愛(め)でた。これは紫色が高貴な色とされていたからである。

†キリはなぜ特別視されるのか?

『源氏物語』の光源氏の父君は桐壺帝で、宮中の庭（壺）に植えられたキリに因んだ名である。皇室と結びつき、そのシンボルとされたキリの伝統は、現在も内閣総理大臣、政府、内閣府、外務省などの五七の桐の紋章に受け継がれ、また高位の勲章の一つは桐花章と称される。五〇〇円硬貨の表にキリが描かれているのも権威ある花として伝わるからである。キリが特別視されるルーツは中国にある。中国の伝統の初代皇帝は黄帝で、即位に際し、梧桐に鳳凰が止まったとされ、最高の吉祥とみられた。

ただし、梧桐はアオギリでアオギリ科（アオイ科）。一方、キリはゴマノハグサ科、ノウゼンカズラ科あるいは近年ＤＮＡ解析からキリ科として独立させるなど異説紛紛だが、いずれにしてもアオギリとは分類上縁遠い。幹が胴のように丸くて太い樹木に共通する総称として、漢字の「桐」が使われた。キリは原産地の中国では白桐があてられる。

白桐は『出雲国風土記』（七三三年）に出雲国九郡中七郡の産物としてあがり、栽培が広がっていたようだ。同時に名が載る赤桐はトウダイグサ科のアカメガシワであろう。

夏

アヤメ

美しいアヤメ科三姉妹

✝古来より混同されてきた

言い古された言葉だが、いずれアヤメかカキツバタと、どちらが勝るとも劣らない美人をたとえる表現がある。原点になったアヤメもカキツバタも花は美しい上、見分けがつきにくい。加えてハナショウブ。この三種の区別を正確に言える人は、少ないであろう。事実、古来何度も名の変換があり、その都度混乱を伴った。現在もハナショウブとショウブ、またアヤメ祭りの主役がハナショウブだったりと、取り違えが続く。

五月の節句に用いるショウブはアヤメ科ではなくサトイモ科（近年ショウブ科として独立させる見解も）で、花はとても小さく、たくさん穂状に集まって咲き、観賞はされていない。ただし、葉に香りがあってそれをショウブ湯に使う。一方、ハナショウブの葉には香りがない。ハナショウブをショウブと略して呼ぶことがあり、その葉をショウブ

ノハナショウブ（撮影地　青森県種差海岸）

左がアヤメ、
右がカキツバタ

湯に入れるという勘違いも起こる。
さらに古代にさかのぼるとアヤメも加わって混同が見られ、ややこしい。サトイモ科のショウブが古代にはアヤメグサと呼ばれていたのである。アヤメグサの名が初めて見えるのは『万葉集』で、五首詠まれている。万葉仮名で「安夜賣具佐」などと表記され、蘰にするという同じ内容の二首の歌の一方には「昌蒲」の字が使われていて、サトイモ科のショウブとわかる。もう一首は巻一八の四〇三五番。

ほととぎすいとふ時なし昌蒲蘰にせむ日此ゆ鳴き渡れ

（巻一〇―一九五五番）

歌意はホトトギスを嫌に思う時はない。とりわけ蘰にする日にここを鳴いて渡って。

三種の見分け方は？

アヤメの語源は漢女で、中国の美しい女性にたとえたというのは誤り。それはアヤメの名がサトイモ科のショウブに由来するのなら、花は地味だからである。

現代のアヤメ科の花の愛(め)でられるアヤメは江戸時代に花アヤメと呼ばれ、後に母屋を奪ってアヤメになった。アヤメ科とサトイモ科のショウブに共通するのは剣状の細い尖った葉で、これが条(あや)をなす文目(あやめ)ととらえられたのであろう。

ハナショウブは湿地や岸辺の水中に生え、花びらが狭いノハナショウブから改良された。普及するのは江戸時代からである。

一方、カキツバタは『万葉集』に七首詠まれる。衣(きぬ)に摺(す)りつけるという歌が巻七の一三六一番や巻一七の三九二一番で歌われている。花を布(幡(はた))にこすりつけ染めた「掻(か)きつ幡(はた)」が語源と見られ、古代には紫色の染料として利用され、名づけられたようだ。

三者の見分け方は、まず生態で、アヤメは草地に生え、水中では育たない。カキツバタは葉の幅が二〜三センチと広く、アヤメは一センチ以下、ハナショウブは一〜二センチ。花はカキツバタは葉とほぼ同じ高さに咲き、他の二者は葉より高い。花の中央の条はカキツバタは白くて一条、アヤメは網状で、ハナショウブはひげ状の突起が出て網状にならない。似ていても、個性に富む花たちである。

ウツギ

利用と民俗

†最も古い生け垣

ふだんは感じないが、海外から帰国すると日本の安全性を実感する。スリ、かっぱらいや強盗など、日本でもそのような犯罪は行われているが、日常に出会う確率は低い。

さすがに現代は少なくなったものの、農村では家に鍵をかけなくても平気なところがあった。そして、その安全性は生け垣を生んだ。中国では南部を除けば基本的に生け垣は少ない。かつては四合院といって、家の敷地を高いレンガや土塀、また、家の壁で囲い、庭は外から全く見えない中庭にあった。

日本の生け垣に使われる樹木は実に多い。東京の神代植物公園に生け垣の見本園が作られていて、そこには百種近い種類の生け垣が並べられている。

日本の生け垣で、最も古く種類がわかるのは、卯の花、ウツギである。『万葉集』に

ウツギ

タニウツギ

次のような歌が詠まれている。

春されば卯の花ぐたしわが越えし　妹が垣間は荒れにけるかも（巻一〇―一八九九番）

卯の花ぐたしとは、ウツギの花を腐らせてしまうような長雨をいう。飛び越えて、忍んでいったウツギの垣根が、荒れてしまっている、私が愛した人は、どうしているのだろうかと、恋人の回想にふける歌である。ウツギは成長が速い。低木だが、放置すれば二メートルにもなる。手入れをされていたから、低く保たれ、飛び越えることができたのである。

『源氏物語』では乙女の帖で、六条院の北東の「花散里」がすむ庭に、卯の花の咲く生け垣が描かれている。

ウツギの垣根は近年は少なくなってしまったが、佐佐木信綱が作詞した小学校唱歌「夏は来ぬ」には、「卯の花の匂う垣根」と美しく歌われている。ただし、この匂うは白い色の映えで、ウツギの花に香りはない。

ウツギは穂状の花房に小さい白い花をたくさんつける。白い蕾（つぼみ）は米粒を連想させ、その花の咲き方で米の豊凶を占ったと、折口信夫（おりくちしのぶ）は説いた。花が少ないか、長雨で早く散る年は凶作、長く咲く年は豊作とされたという。

一方、ウツギは材の性質、枝の中心が空洞になる特徴から名づけられた。それを鳴らしたのであろう笛木の方言もみられる。

材は年を経ると堅くなり、神事の際の火起しに、その棒を回した火切り杵（ひきりきね）として使用された。また、大阪の住吉大社では、卯の葉女がウツギの葉を玉串として奉る「卯之葉（うのは）神事（しんじ）」が行われる。

ウツギはユキノシタ科（アジサイ科）に分類されるが、枝の空洞からウツギと名のつく植物は、バラ科やスイカズラ科など六科九属、細分する場合は一一属にも及ぶ。そのうち種類が多いのは、ウツギ属五種とスイカズラ科のタニウツギ属の一〇種である。

タニウツギは東北から日本海側に分布し、美しい赤花を咲かせるが、自生地では死者の杖や火葬の骨拾いの箸（はし）にされた忌み植物である。一方、同属のハコネウツギは、白から赤へ変わる花を楽しむ花木として植栽される。

アジサイ

紫陽花は、千年の誤称

†移り気な心にたとえられた花色

うっとうしい梅雨の季節を、美しく彩り、なぐさめてくれるアジサイ。しかし、その過去は、必ずしも恵まれてはいなかった。

アジサイは『源氏物語』や『枕草子』など平安王朝の才女たちの書物には、顔を出さない。山野を旅した西行も、歌わなかった。アジサイ寺、アジサイ街道などの観光名所の多くは、ここ半世紀ほどの間に有名になったに過ぎない。

とは言っても、アジサイの歴史は古い。アジサイが最初に取りあげられているのは『万葉集』で、二首詠まれている。

橘諸兄（たちばなのもろえ）は、「安治作為（あぢさゐ）の　八重咲くごとく　弥（や）つ代（よ）にを　いませわが背子（せこ）　見つつ思（しの）はむ」（巻二〇―四四四八番）、アジサイが八重に咲くように代々栄えてくださいわが友よ、アジサイの花を見ながら思っていますと、宴の席で歌う。縁起植物に扱われているのである。

これに対して、もう一首の大伴家持(おおとものやかもち)は、「言問(こと と)はぬ　木すら味狭藍(あぢさゐ)　諸弟(もろと)らが　練(ねり)の

アジサイ

ヤマアジサイ

村戸に　あざむかれけり」（巻四―七七三番）の歌を妻に詠む。ものを言わない木ですら、アジサイのように移りやすい。諸弟らの村戸（巧みな心など諸説あり）にだまされてしまったと、アジサイの花色の変化を心変わりにたとえる。

この陽と陰との両面は、近代まで続く。アジサイの花の色変わりを七変化と表現、移り気な心にたとえ、また、化花、幽霊花の名で呼ばれるなど気持悪く思われる一方で、軒下にかけ、戸口に吊し、門守として厄除けや蓄財を願う俗信もあった。アジサイの名を集財にかけて、金が集まると見立てたのである。

†現代のアジサイは鎌倉時代から

アジサイの語源は藍色が集まった「集真藍」と、『大言海』は解く。これを紫陽花の字にあてたのは、平安時代前期の源順である。醍醐天皇の皇女勤子内親王の求めに応じて承平（九三一～九三八年）に作成した『倭名類聚鈔』に、白楽天の『長慶集』で「招覧寺の仙壇（花壇）の山花の一樹は、色は紫で気は香ばしい。人は名を知らないので、紫陽花と名付けた」と述べられているのを引用したのだ。しかし、アジサイには香りはなく、これは中国原産のライラックであろう。中国でアジサイの類は八仙花、聚八仙花の字があてられ、現代は綉球花の字が使われる。

アジサイはガクアジサイから改良された。ガクアジサイは三浦半島、伊豆半島や房総半島など関東の沿岸の林やその縁に自生する。したがって、これが注目され、栽培化が始まったのは、恐らく鎌倉幕府が開かれた鎌倉時代以降であろう。鎌倉時代の歌は少なくない。

藤原定家は、「あぢさゐの下葉にすだく蛍をば　よひらの数の添うかとぞ見る」と詠む。よひらとは四弁の意味で、アジサイの装飾花の萼（がく）が四枚大きく目立つことからの表現である。

藤原光俊（ふじわらのみつとし）は、「しもつけや籬（まがき）に混じるあぢさゐの　よひらに見れば八重にこそ咲け」と、アジサイが垣根に植えられていた状況を詠む。

『万葉集』で八重咲くと歌われたのは、場所からして、ヤマアジサイではなかったか。とすれば栽培がやや難しく、平安時代には身近でなかったのであろう。

ユリ　好みに浮き沈み

†古代日本で愛されたユリ

日本の草花の中で、ユリは最も大きな花を咲かせ、また、強く香る。日本の野の花は余り香らないので、ユリの花は際立つ。強烈な個性を持つその花は、古代から注目された。

『古事記』によると、神武(じんむ)天皇が三輪山(みわやま)の狭井(さい)川のほとりで七人の乙女に出会い、その先頭を歩いていた一人を見染める。その名は伊須気余理比売(いすけよりひめ)、後の神武皇后である。「より」とはユリの別名で、青森、岩手、千葉、岐阜などの一部でもそう呼ばれていた。

その姫を祭神とする奈良市の率川(いさがわ)神社では六月半ばに三枝(さいぐさ)祭りの神事が行われる。神酒(みき)の酒樽の周りをユリで飾り、巫女(みこ)がユリの花を手にして舞う。種類はササユリで、ピンク色の上品な花を二〜三花咲かせる。その上部で三つに分かれて咲く花を三枝(さいぐさ)に見立てたのであろう。

古代のユリは『万葉集』にユリの名で一〇首、それにヒメユリが一首詠まれている。

夏の野の繁みに咲ける姫百合の　知らえぬ恋は苦しきものそ

（大伴坂上郎女　巻八―一五〇〇番）

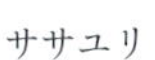

ササユリ

ヒメユリ

恋する自身をヒメユリにたとえた坂上郎女は大伴家持の叔母で、娘の坂上大嬢は、家持の妻となる。その家持も妻を「さゆり」の花に見立て、夏の野から庭に引き植えたと歌った（巻一八―四一一三番）。当時、家持は越中の国司として赴任していた。富山県の野に生えているユリにはササユリもヒメユリもあるが、叔母の坂上郎女の歌を意識しているとしたら、ヒメユリであろうか。

ヒメユリは上向きに咲き、朱赤色で直径三～四センチと小さい。花はユリとしては小さいが、花の色はあざやかで、秘めてはいても燃える恋やこがれる想いを表徴していよう。

江戸時代に再評価される

また、ユリの花は宴の飾りにも使われていた。大伴家持はユリの花蘰を捧げられた。

あぶら火の光に見ゆるわが蘰　さ百合の花の笑まはしきかも　（巻一八―四〇八六番）

女性にたとえられ、庭に植えられ、宴に飾られたユリが、平安時代になぜか姿を消してしまう。『源氏物語』の華やかな恋を象徴する花々にユリは顔を出さず、『枕草子』も同様である。わずかに『源氏物語』の賢木（さかき）の帖（じょう）に「さゆりば」が口ずさまれている。平安時代から鎌倉時代の八つの勅撰和歌集にもユリの花は歌われず、「さ百合葉」が一首のみ源俊頼（みなもとのとしより）によって『千載（せんざい）和歌集』（巻一六―一〇四五番）で詠まれているに過ぎない。

鎌倉時代、藤原定家は庭で四五種類もの植物を栽培していたことが『明月記』に書かれているが、ユリは栽培していない。生涯に四六〇〇首もの歌を残しているが、「さゆり葉」の四首のみである。

ユリが再認識されるのは江戸時代で、貝原益軒（かいばらえきけん）は元禄時代、「近年種類が増し、ほとんど百種に及ぶ」と書いた（『花譜』一六九四年）。

明治時代、日本のユリの華やかさは欧米を驚かせ、二〇〇〇万球も輸出された年もあり、現代の豊かな品種にも大きく関与している。

アサガオ

世界で最もアサガオ好きな日本人

†平安時代に薬として中国から輸入

野生植物を栽培に移すには、さまざまな目的があった。その中で、最も遅い動機が、観賞である。漢字はそれを如実に反映する。

アサガオは古来中国では牽牛子と書かれ、薬用にされた。牛を牽いても入手したいほど種子は高価な下剤であった。肉食中心の食生活は便秘になりやすい。便秘に苦しむ人にとっては、牛と交換したいほどの効き目があったのであろう。

アサガオの名は、朝に開く、顔のように大きな美しい花に基づくが、古代はその朝顔が必ずしもアサガオではなかった。『万葉集』にすでに五首の朝顔の歌が詠まれているが「夕影にこそ咲きまさりけれ」（巻一〇―二一〇四番）と歌われ、野に咲く花として扱われたり、アサガオの実情に合わない。万葉の朝顔は現在のアサガオではなく、キキョ

アサガオ

変化咲きのアサガオ
「青鶏足柳抱葉ナデシコ采咲牡丹」

ウが合う。

アサガオは平安時代に中国から薬として導入され、牽牛子に基づく「けにごし」と呼ばれていたが、やがて母屋（おもや）を奪って朝顔の名に置き変わった。『源氏物語』では珍しく光源氏になびかない桃園の式部卿の宮の姫の名にあてられ、野分（のわけ）の帖では野分の後に散り乱れた垣のアサガオが描かれている。

アサガオの花は多彩である。日本にもたらされた当初はどんな色であったか。キキョウの朝顔との入れ換えが行われたのは、花の色が類似する青紫系であったからかもしれない。

†品種改良が大流行した江戸時代

アサガオの花の色が初めて具体的にわかるのは、江戸時代の寛永年間に狩野山雪（かのうさんせつ）が描いた襖絵（ふすまえ）である。それは現在も京都の妙心寺天球院に残され、垣根に群青（ぐんじょう）の花とともに白花も混じる。

元禄時代には貝原益軒（かいばらえきけん）が赤、淡青、濃青、紺、白の五色にふれた。続く享保から宝暦年間に一気に花色がふえたとみられ、一七六三年に平賀源内（ひらがげんない）が著した『物類品隲（ぶつるいひんしつ）』には「近世花色数十に及ぶ」と述べられている。

さらに文化、文政年間（一八〇四〜三〇年）には、花色だけでなく、細く花が裂けたり、花弁が重なるなどの変化咲きや変り葉にも注目が集まる大流行となり、二百七十余の品種を数えたという。幕末の嘉永年間（一八四八〜五四年）には、江戸の入谷（いりや）の成田屋山崎留次郎が愛好家と連（れん）を作り、花を競った。珍しい変異の出やすい種子は、何十両もの大金で大坂から取り寄せるほどの人気だった。

アサガオの変化咲きは明治時代に遺伝的に劣性遺伝子がいくつも複雑に関与していることがわかった。しかし、花の色の絞りや斑入り（ふいり）は、動く遺伝子のトランスポゾンが、正常な遺伝子に飛びこんで働きを阻害して引き起こされる現象と、近年明らかになった。

アサガオは実にたくさんの色が知られるが、現代、黄花はない。しかし、江戸時代に滝沢馬琴（たきざわばきん）が真黄が所々に出た、と述べる。

現代もアサガオは、七月に東京入谷（いりや）の鬼子母神（きしもじん）では縁日に朝顔市が開かれ、グリーンカーテンとしても人気を呼ぶ。アサガオを世界で最も愛するのは、日本人なのである。

ハス

多目的利用植物

✝葉、葉柄、地下茎、それぞれに有用

ハスは実用、象徴ともに多様な広がりを持つが、知られていない面も少なくない。ハスと聞けば、ふつうは花を思い浮かべるが、葉、葉柄(ようへい)、地下茎、果実、種子と、いずれも形態的にユニークで、かつ有用である。

そして、それぞれに文化的な背景を秘める。それを端的に表すのが名称で、和名のハスは蜂巣(はちす)が語源で、果実の形状に因(ちな)む。

ハスの漢字は「蓮」や「荷」が知られる。「蓮」は蓮根でわかるように地下茎がくびれる節で連なる形態からついた。また、果実の種子の室も連なる。

一方、「荷」は荷葉(かよう)の表現がされるように、葉の形状による。「荷」は、草冠(くさかんむり)と「何」から構成され、その「何」の偏(へん)は人、旁(つくり)は背負った籠と、その中の荷物を表す。

ハス

　ハスの葉は葉柄が葉身の中央に楯を持つようにつく。それを葉柄が葉身を背負っていると見立て、「荷」があてられた。

　葉柄からはいわゆるハス糸がとれ、それを藕糸と言う。ハス糸は現在も一部で生産され、布が編まれている。

　ハスの花は中国では唐以前は芙蓉と称された。現在のフヨウは、当初はハスの花に似るが木だというので木芙蓉（もくふよう）の名があてられ、唐以降に母屋（おもや）を奪った。

日本ではハスの花は蓮華（れんげ）と呼ばれていたが、現在はマメ科のレンゲのイメージが強く、仏典と、中華料理のさじ（散り蓮華）に名をとどめる。因みに、散り蓮華の本場の名は瓢（ピャオ）で、半割りした壺型（つぼがた）のヒョウタンを使ったことに基づく。

蓮の実、いわゆる石蓮子（せきれんし）は養分に富み、中国では種皮をむいた蓮子が食用にされ、特に台湾はその砂糖づけのお菓子が著名である。なお、食用は白い種子の胚乳（はいにゅう）の部分のみで、緑色の胚芽（はいが）はアルカロイドを含んで苦く、漢方では蓮芯（れんしん）と呼び、冠状血管（かんじょうけっかん）を拡張させる作用をもつ。

†花は極楽の象徴として仏教に

シンボルとしてのハスの歴史は古い。ただ古代エジプトで、しばしばハスと称されているのは、まず熱帯スイレンの間違い。花や葉の描き方で、はっきりとハスではないことがわかる。スイレンは花弁と萼が同形、同大で、いずれも先が尖る。一方、ハスは花弁が萼よりはるかに大きく、丸いので、エジプトの簡略化された壁画でも区別が可能である。
仏教とハスの結びつきは、釈迦誕生の逸話に始まる。誕生直後七歩進んでハスの花の中に立ち、かの「天上天下唯我独尊」という言葉を発したというのは、信じ難いとしても、当時ハスが身近にあり、釈迦の誕生の地のルンビニ園で栽培されているのに矛盾を感じない前提がなければ、この説話は成り立たない。そして、ハスは泥の中に咲く、極楽の象徴として、仏教に受け入れられる。

日本でのハスは中国からの渡来以外にも、大賀ハスや行田ハスのような古代ハスが存在していた。

ハスの花は日本の文献では、女性にたとえられた最初の花でもある。少女の頃、雄略天皇に見そめられ、宮中に召すから嫁がないで待てと言われた赤猪子が、老婆になり、天皇を訪れ、「日下江の　入江の蓮　花蓮　身の盛り人　羨しきろかも（美しく咲き誇るハスの花のような若い盛りの人がうらやましい）」（『古事記』）と歌う。

ハスの世界は広く、深いのである。

ヒョウタン

最古の栽培植物

ヒョウタンを知らない人はいない。一方、現代、その歴史の重さに思いがおよぶ人は、少ない。

人類の移動の鍵を握る

ヒョウタンはイネにはるかに先立つ日本最古の栽培植物なのである。その最も古い出土品は琵琶湖の粟津湖底遺跡から発見された。果皮の破片と大量の種子は、なんと九六〇〇年をさかのぼる。次いで福井県の鳥浜貝塚から、八五〇〇年前のほぼ形をとどめたヒョウタンが見出されている。

ヒョウタンの原産地はアフリカ。そこから一万年近い昔に日本列島にもたらされているのである。さらにアメリカ大陸のヒョウタンも一万年を越し、近年のDNAの解析から、アジアから導入されたとされる。氷河期に熱帯性のヒョウタンを携えてベーリング

ヒョウタン

ユウガオ

海峡を渡ったとは考えられない。人類の移動の鍵をヒョウタンが握っていると言えよう。
ヒョウタンは軽いうえ、気密性にすぐれ、また、個人が栽培して得られるなど重宝な器で世界各地で土器に先立つ。日本は例外的に土器の方が古いが、口のすぼむ壺型の土器は、壺型のヒョウタンがモデルと考えられる。

現代のヒョウタンからはくびれのある形を思い浮かべるが、壺型やさらに首が長くのびた鶴首（つるくび）型もあり、ひしゃくは鶴首型のヒョウタンを縦に割って作った。加えて球型やヘチマ型もあり、それらはユウガオと呼ばれてヒョウタンとは別に扱われるものの、同種で、容易に雑種ができて、子孫にはいろいろな形が分離する。ヒョウタンのくびれは主に劣性遺伝子で、苦味は優性に遺伝する。くびれのないユウガオの果実は苦くなく、干瓢（かんぴょう）を作る。

†『論語』の誤解から名づけられた名前

ヒョウタンもユウガオも雌花と雄花にわかれるが、雌花の子房（しぼう）は花が咲いた時から果実の特徴がみられる。ただし、白い花は両者とも同じで、開くのも夕方である。ユウガオの名は、夕方に咲く白く目立つ花からつけられたのだが、この特色はヒョウタンも同様で、花だけならヒョウタンもユウガオと呼べる。

ヒョウタンの名は、誤解から生まれた。孔子の愛弟子の顔回(がんかい)は、清貧で一汁一菜のような食生活を送っていた。そのため食器は汁を入れる瓢(ひょう)と御飯を入れる薄く削った竹を編んだ器の簞(たん)しか持たず、それを孔子は「一簞(いったん)の食(し)、一瓢(いっぴょう)の飲(いん)」と論語で述べた。それが後に「簞瓢」になり、日本では「瓢簞」と平安時代に一つのものに取り違えて解釈してしまったのである。

ヒョウタンの古名はヒサゴやフクベで、これはヒサのつるになる子（果実）やふくらんだ実を意味する。他方、ユウガオは花に基づく名で、ヒョウタンは世界に広く知られても、花に由来する名は、他に聞かない。日本人の花に対する感性の高さがうかがわれよう。

ただ残念なことにヒルガオ科のヨルガオをユウガオと呼ぶむきもある。ヨルガオは熱帯アメリカの原産で、コロンブスより五百年も前の『源氏物語』にその名で登場するわけはない。緑のカーテンにヨルガオを使う人もいるが、心して誤らないでほしい。

タケ

七夕のタケは神との接点

✝神々と結びつくタケ

古代、タケは、神と結びついた特別な植物であった。それが現代も脈々と伝わる一方、森を侵すギャングと化したタケもある。

七月の行事は七夕。竹に願いをたくし、飾り立てる風習は、幼稚園では欠かせない。なぜ、タケを立て、短冊をつるし、願いごとをするのであろうか。

七夕の原点は中国にある。七月七日の夜、天の川を隔てたわし座の牽牛星（アルタイル）と、こと座の織女星（ベガ）が逢う伝説は、中国で生まれ、その日に願いを乞うというしきたりも、中国が古い。織女に因んで、五色の糸で飾って裁縫の上達を願う習俗が、中国にはあった。ただ、タケやササがそれに使用されることは、なかったようだ。

一方、日本では中国の七夕とは別な習わしが行われていた。それは七夕と書いて「たなばた」と読むことに解く鍵がある。国文学者折口信夫（おりくちしのぶ）は、古代に水辺で若い女性が幡（はた）を織り、川の神、水神に捧げたと解いた。織機が「たな」で、織った幡を水辺や岸辺にかかげたというのである。「たなばた」は梅雨明けの大雨や、台風による洪水を鎮めるために織られたのだが、水辺や岸辺でそれを目立つように置くのに、タケが使われていたとみられる。川原や川岸には、よくメダケが茂り、利用するのに重宝されたであろう。

メダケ

メダケは、タケの名がついているが、植物学上のタケではなく、ササに分類される。タケはいわゆる竹の子の皮が、すぐはがれ、落ちるが、ササではそれが長く残る。

もっとも古代人は高くのび、旺盛な成長力を持つ種類を長（たけ）や猛（たけ）るとととらえ、生命のほとばしるたくましさにつなげるとともに、弓矢から魔や邪に対抗する手段としての威力を感じ、神と結びつけたのであろう。

さらに、タケやササの葉ずれの音も、神の降臨ととらえられ、タケは神性を帯びた。どんな近代的なビルも、四方にタケを立てた神の領域を作り、地鎮祭を行ってからでないと、建築できない。七夕と通じるタケを媒体とする神との交わりが、現代にも確実に残されているのである。

日本で現在、タケといえばモウソウチクをイメージされよう。東北以南のいわゆる里山はモウソウチクがどこでもみられる。ところが、このモウソウチクは中国が原産で、日本への渡来は、それほど古くはない。異説もあるが最も有力なのは一七三六年、薩摩藩第四代藩主島津吉貴が中国から取り寄せたのが、発祥とされる。

昭和三十年代までは、そのほとんどが管理下に置かれ、手入れ、利用されていた。それが高度成長期以降、竹製品は急速に需要を失い、また、燃料のまき、炭を必要としなくなり、里山が放置されるに伴い、モウソウチクは地下茎を自由にはびこらせ、里山を傍若無人に侵略している。帰化植物としては唯一と言えるほど森を侵すガンのような困りもの。その猛々しさもタケの顔であり、対策が急がれる。

秋

ハギ

『万葉集』に最も多く詠まれた植物

†秋の七種の筆頭にあげた山上憶良

　名は知っていても、現代人がハギと接する機会は少ない。しかしながら、古代から人々にとってハギは身近な植物であり、生活に結びついていた。『万葉集』に、山上憶良(やまのうえのおくら)が歌った秋の七種(ななくさ)の筆頭にハギをあげ、それが現代まで伝わるのも、人々に違和感がなく、親しまれたからであろう。

『万葉集』で詠(よ)まれた植物一六〇種余りの中で、最も数が多いのもハギで、一四二首にのぼる。これは広くとらえたサクラの歌の五〇首の三倍近い。また、ウメの一一九首をも上回る。ウメが中国からもたらされ、上流階級の人たちに愛(め)でられたのに対し、ハギは庶民に根づいた花であった。その中には現代では失われてしまった花の習俗も歌われている。

恋しくは形見にせよとわが背子が　植ゑし秋芽子花咲きにけり（巻一〇―二一一九番）

この背子とは女性から見た夫か恋人であり、その人が辺境の防人や地方の役人として単身赴任する。便りとてままならず、そのまま帰ってこられないかもしれない。別れに

ミヤギノハギ

際し、男性が形見にハギを植える。せつない想いがハギに託されているのである。

わが背子(せこ)が挿頭(かざ)しの芽子(はぎ)に置く露を　さやかに見よと月は照るらし

（巻一〇―二二二五番）

秋の月夜のデートで、男性が頭にハギの花の枝を挿しているのである。男性が頭に花を飾る風習も、現代では絶えた。

因(ちなみ)に『万葉集』のハギの歌では、ただの一首も「萩」の字が使われていない。多くは「芽子」や「芽」でハギを表意している。それがハギだとわかるのは、次のやりとりからも明らか。

君が家に植ゑたる芽子(はぎ)の初花を　折りて挿頭(かざ)さな旅別るどち

（久米広縄(くめのひろなわ)　巻一九―四二五二番）

「どち」とは「同士」で、大伴家持をさす。広縄は任務の途中に立ち寄った家持の越前の館に植えられていた芽子の初花を折りて挿頭し、旅立とうというのである。家持がそれに答えて詠んだ歌では「挿頭しつる波疑」（巻一九―四二五三番）と、「芽子」を万葉仮名の「波疑」に対応させている。

ハギは背が低い木で、地際から孫生えが出やすく、株立ちになる。万葉人はそんなハギの習性をよく見ていて、「芽子」や「芽」をあてたのである。中国の「萩」の漢字は、キク科のヨモギの類をさすようであり、ハギは「胡枝花」と書く。現代、「芽子」のハギを復活させるのは難しかろうが、「萩」ではなく、「ハギ」で表記したい。

ハギの語源は「生え芽」とする説もあるが、私は枝を箒に使った「掃き」ではないかと考える。葉は伐ると夏でもすぐ落ち、小枝が多く、箒にしやすい。小豆島では昭和三十年代まで、冬休みにハギの枝を集め、学校で使う箒を作ったと聞く。その年に伸びた若い枝は柔軟性があり、籠に編まれた。牛馬を農作業に使役させていた頃は飼料にもされていた。

ハギは花を観賞するだけでなく、実用の植物でもあったのである。

ススキ

遠のいた役割

お月見でススキをなぜ飾るのか？

かつて日本にはいたるところに草原(くさはら)があった。その面積は国土の一割を占めていた。今そこは開発され、逆に放置されて林にもどるなど、一パーセントまで激減したといわれる。

草原の主役はススキ。旺盛に茂るが、その多くは半ば人の管理下にあった。牛馬の放牧地やえさの採草地、また、ススキはカヤと呼ばれ、屋根を葺(ふ)くために重要な役目を負い、そのかや場が村々に設けられていた。

ススキの語源は、諸説あるも、私は「ス」は、すだれなどの「す」と同じく、細い意味で、それを二つ重ねて強調、「キ」は生(き)を表し、細い葉が一面に生えている様から名づけられたと思える。さらに、穂は動物の尾にみたてられ、尾花(おばな)と呼ばれる。

日本語の植物の名づけ方では、同一植物を部分や用途に応じた使い分けは、ほとんど

ススキ

されない。例外はイネで、ワラ、モミ、コメと部位により名が異なる。ススキにもオバナ、カヤの別名が広く使われるのは、イネほどではないにしても、日本人にとって、生活と結びついた関心の高さの証しといえよう。

中秋の月見のススキも、考えてみればハギやオミナエシをはじめ、名の知れた秋草がいろいろある中で、なぜススキなのか、理由があるに違いない。

台湾の東南に蘭嶼（らんしょ）という小さな島がある。そのタオ（ヤミ）族は水田にイネを植えず、タロイモを育てている。女性は毎朝水田に出かけ、その日食べる分だけ引き抜き、イモを収穫する。イモを切断した茎は抜いた場所にすぐさすと、数カ月で再び収穫できる。ところが、結婚式や新築などのお祝いに際しては、そのために特別に何年も栽培していたタロイモを一斉に掘り上げ、水田の脇に山積みして、トキワススキを立てる。

サトイモはタロイモの仲間で、日本のお月見にも、サトイモは供えられる。一方、モチや赤飯は供えず、ところによっては団子の先を尖らせた。これはサトイモに似せたと言え、団子は今は米粉で作るが、キビ団子のように雑穀が先立つとみられる。つまりお月見は、稲作以前の農作物が供えられる縄文時代の収穫祭の名残で、ススキはタオ族のように収穫物を守る魔よけ的な役目を果たしていたと考えられる。ススキの葉の周辺はシリカを含んだ堅い細胞が並び、手が切れるほど鋭い。茎を斜めに切れば、素足に突きささる。音もなくしのびくる魔物を払ってくれるとの念（おも）いは、かつて沖縄で、赤ん坊と外出する際にススキを腰にさした習俗からも、うかがえる。

ススキはふつう山野に生えるが、『万葉集』では庭のススキも詠（よ）まれている。

めづらしき君が家なる花すすき　穂に出づる秋の過ぐらく惜しも

（石川広成、巻八―一六〇一番）

この珍しいは、数が少ないというよりは、すばらしいという賛美の意味である。広成が見た庭のススキは、野から引き植えたのか、種子から自然に生え育ったのかは定かでないが、愛でられていたことは違いない。

もう一首、『万葉集』から庭のススキの歌をあげよう。

伊香山野辺に咲きたる芽子見れば　君が家なる尾花し念ほゆ

（笠金村、巻八―一五三三番）

現代でもススキの斑入りや糸葉の品種は栽培され、穂は季節の風物誌だが、実用品としての需要は、すっかり遠のいてしまった。

ナデシコ

天平時代からの伝統

女子サッカーのなでしこジャパンの活躍でナデシコの名を知らない日本人はいなくなった。しかし現代、ナデシコを実際目にした人は、多くないであろう。花屋にナデシコが売られていることは少なく、また、野外でナデシコの花を目にする機会は、ほとんどない。

しとやかな日本女性の象徴

ナデシコはカーネーションと同属である。その花はカーネーションのような厚ぼったい華やかさはない。五弁一重で、先端から細かくいくつも切れこんだ花は、楚々とした可憐さがあり、茎は細くしなやか。これが古来、日本人に愛され、しとやかな日本女性の象徴とされてきた。それは天平時代にさかのぼる。

大伴家持の妻は死期を悟り、自らをナデシコに寄せて植え、家持が偲ぶよすがにする。

秋さらば見つつ思へと妹が植ゑし　屋前の石竹咲きにけるかも

（巻三―四六四番）

妹とは妻。この妻を亡くした後、家持は坂上家大嬢をナデシコの花に見立てる。

わが屋外に蒔きし瞿麦いつしかも　花に咲きなむ比へつつ見む

（巻八―一四四八番）

恋は実り、家持は再婚にいたる。

『万葉集』でナデシコは二六首詠ま

カワラナデシコ

れているが、そのうち九首は女性にたとえる。ところがナデシコを男性になぞらえた歌も七首ある。一例をあげよう。

うら恋しわが背の君はなでしこが　花にもがもな朝な朝な見む
（大伴池主、巻十七―四〇一〇番）

この歌は大伴家持が旅立ちに際して池主に贈った歌の返歌の一つで、背の君とは家持であり、ナデシコの花であって欲しい、毎日見られるからと、家持との別れを惜しむ。

†カワラナデシコでけがれを祓う

ほかにもナデシコは大原真人今城が家持を（巻二〇―四四四二番）、答えて家持が今城を（同四四四三番）互いに見立て、たたえあう。

『万葉集』のナデシコは表記がさまざまである。瞿麦は葉がムギのように細く、花に鳥の目のような模様がある意味で、これは本来中国のセキチクにあたる。セキチクは石

（岩）の上に生え、やはり葉が竹のように長細い特徴から名づけられた。また、半分は「奈泥之故」のような万葉仮名で書かれ、撫子は使われていない。

日本産のナデシコの標準和名はカワラナデシコで、河原や川岸の崖や岩場に生える。かつては川でけがれを流す禊が行われた。紙の貴重だった昔は、川原のナデシコで子を撫で、けがれを落とす習俗が行われたのだろうか。

中国のセキチクがはっきりと認識されるのは『枕草子』である。「草の花は」の段で、「なでしこ。唐のはさらなり、大和のもいとめでたし」と、唐なでしこ、つまりセキチクと大和なでしこ、カワラナデシコを対比させる。

常夏は花期が長い特徴から名づけられ、現在その名の花は、四季咲きのセキチクにあてられる。『古今和歌集』や『源氏物語』の「とこなつ」もそれであったのだろうか。

種子を播いて花を育てるのは、現代ではふつうだが、その日本最初の記録は、すでに述べた大伴家持のナデシコの歌である。

ヒガンバナ

生育地から解ける実像

†謎につつまれる渡来時期

ヒガンバナは個性の強い花である。強烈な花色、秋のお彼岸(ひがん)の頃に決まって咲く開花習性、そして猛毒。

日本の穏やかな風土に似つかわしくない、妖しい華やかな存在感は、多様な呼び名を生む。シビトバナ、ソーシキバナ、ジゴクバナ、ハカバナ、ユーレイバナ、ドクバナ、シタマガリ、テクサレ、オイランバナ、カジバナ、キツネノタイマツ、チョーチンバナなどなど。また、開花時に葉がない特徴から、ハッカケバナやハコボレのような、生態に基づく名もある。

香川県の小豆島などでは、タンポポとかタンポコと呼ぶ。これは花茎を短く切り、両側に切れ目をいくつかつけて水に入れると反(そ)り返り、鼓の形になる、キク科のタンポポと同じ子どもの遊びからの連想名である。
秋田から沖縄にいたる全国のヒガンバナの異名は、小さい変化を入れると千を超す。

ヒガンバナ

日本の植物の中では、最も変化に富み、これはとりもなおさず、子どもから大人まで、人々に強い関心を抱かせた裏付けである。

ところが、ヒガンバナは、代表的な別称マンジュシャゲ（曼珠沙華）のみならず、どの呼名をとっても、平安時代や鎌倉時代の古典に描写はされず、絵にも見当たらない。

唯一の例外は、『万葉集』の「イチシ」で、巻一一の二四八〇番の歌に「路の辺の壱師の花の灼然」と詠まれている花が、ヒガンバナとされる。その説の提唱者は植物学者の牧野富太郎博士で、「灼然の語は燃えるがごとき赤い花に対し、実によい形容である」とした。

しかし、万葉の時代、灼然は青山に対する雲に使われたり（巻四―六八八番）、白波を形容する（巻一二―三〇二三番）。灼は火が赤々と燃える状態から由来したが、後に灼見のように明るさを示したり、明白な意味にも使われ、日本では白を形容する。したがって、それに基づく「イチシ」は白く目立つ花を咲かせるエゴノキやイタドリなどが適切である。第一、万葉時代に渡来していたのなら、その強力な個性を持つ植物が室町時代まで七百年近い間知られていないとは、考え難い。

日本のヒガンバナは種子ができない。それはバナナと同じく三倍体で、花粉や胚種を作る際の細胞が正常に分裂しないからである。中国には二倍体で種子ができる原種が自生している。したがって中国が原産であるのは違いないが、日本にはどのようにして入ってきたのであろうか。

ヒガンバナの球根にはでん粉が含まれ、危険も伴うが猛毒の成分リコリンを流水でよく洗い流せば食べられる。このため、球荒植物としてもたらされたとする説がある一方、乾した葉をパッキンに使って中国から焼物を輸入していた際、球根も混ざっていたのではないかという前川文夫博士の説もある。また、松江幸雄氏は食用よりも、紙などの糊料に使用したのではないかと言う。

いずれにしても、現在多く見られる生育地の土手、畦、墓地から、別な用途が浮かび上がってくる。それは動物の害よけ。土手や畦はモグラやネズミによる水もれの防止に、墓地は昔行われた土葬の際、遺体を野犬などから守るために植えたとみられる。

生活と結びついていたかつての利用は遠ざかっても、現代のヒガンバナは、秋の風物詩として多くの人々の目を楽しませてくれる。

オミナエシ

花の実体

†花は可憐でも悪臭をはなつ

花は感情移入されやすい。花言葉はその典型だが、一方的に見られた花の評価で、花そのものに誤解も生じる。日本でのその代表的な花はオミナエシであろう。

オミナエシは女郎花と表記され美しき女性の面影と重ねられた。女郎には遊女の意味もあるが、その結びつきは江戸時代以降であろうか。平安時代や鎌倉時代の女郎花には、娼妓のイメージは全くない。

いずれにしても冷静にオミナエシの花を見れば、はたして女性を思い起こせるであろうか。小さい花が無数集まって咲き、彩りとしては目を引いても、鼻を近づけ香りをかげば思わず顔をそむけよう。悪臭がするのである。

オミナエシの中国名は敗醬（はいしょう）。醬とは現在の醬油ではなく、「ひしお」のようなもので、防腐剤がなく、塩も貴重で大量に使えなかった昔は腐りやすい。「敗」はそうなった状態をいう。つまり腐敗した臭いで、もっと現代的にたとえると、夏の汗ばんだ足や洗わない靴のような不快臭なのである。

オミナエシ

粟粒に似たオミナエシの蕾と花

花は可憐なのに異臭から名づけられたヘクソカズラほど強烈ではないにしても、人によってはそれと似た嫌な臭いと感じよう。とても美しい女性をイメージできるような「花の香」ではない。なのに、一体どうしてその名がもたらされたのであろうか。

『万葉集』にオミナエシは一四首詠まれていて、一六〇種余りの万葉の植物では、二〇位にあたる。そこでの表記に女郎花は全く使われていない。オミナ（ヲミナ）には万葉仮名の「乎美奈」が五首のほか、「娘」が四首、「姫」が二首、「娘子」、「佳人」と「美人」がそれぞれ一首あてられている。

しかし、歌の内容は必ずしも女性と結びついていない。

手に取れば袖さへにほふ美人部師（オミナヘシ）　この白露に散らまく惜しも

（巻一〇―二一一五番）

手に取れば衣の袖さえにおうという表現は一見、オミナエシの花の香がすばらしいように思われるが、『万葉集』の花が「にほふ」はすべて鼻からの情報ではなく、目に映る色の映えであり、この歌もそれを強調した表現なのである。春には黄花が多いが、秋には晩秋の黄花の野菊を別にすれば、野や山に咲く秋花に黄色い花は意外に少ない。

花の漢字表記には誤解も

オミナエシの花が女性の象徴でないとしたら、「娘」など女性を意味する「オミナ」の語源は何に由来するのか。これを解くにはオミナエシと似た名のオトコエシを対比させるとよい。オトコエシもオミナエシ科で小花を茎の先に密生させるが、花は白い。その白い蕾(つぼみ)は米粒を思わせる。エシ(ヘシ)を飯(めし)の転訛(てんか)とみれば、米飯を男飯(オトコエシ)、黄色い蕾を粟に見立てた粟飯(あわめし)は、粟が米より劣るとして女をあてたオミナエシの成り立ちが浮かびあがる。花も見ず字面だけで女性を連想するのは『古今和歌集』で確立、その歌は二〇首におよび、植物の歌の三位を占める。

名前は強烈なインパクトを与える。その漢字表記には注意を払わなければならない。

フジバカマ

実用から導入か

†『万葉集』には一首のみ

フジバカマは謎めいた植物である。名前は秋の「七草（ななくさ）」の一つとして知られ、古歌には数多く詠（よ）まれているが、まず、野外で姿を見かけない。それもそのはず、絶滅危惧植物に指定されている。

では、珍しい植物かと言われれば、これが必ずしもそうではない。山野草を扱う園芸店では、秋になるとよく売られている。絶滅が心配される生き物が、ふつうに販売されている例は、ほかには聞かない。

フジバカマは姿が地味である。茎葉はこれといって目を引かず、花もどちらかといえば目立つ色や大きさでなく、小花がかたまっているに過ぎない。

秋の「七草」は、万葉の歌人山上憶良（やまのうえのおくら）が秋の野の花を詠んだ次の二首から始まる。

秋の野に咲きたる花を指(および)折り　かき数ふれば七種(ななくさ)の花

（巻八―一五三七番）

フジバカマ

芽(はぎ)の花乎(を)花葛(くず)花瞿麦(なでしこ)の花　姫部志(おみなえし)また藤袴(ふぢばかま)朝皃(あさがほ)の花

（同一五三八番）

現在は秋の「七草」とするが、厳密にはハギは草ではなく低いが木である。憶良も七種と表示しているので、秋の「七種(ななくさ)」と表わす方が適切であろう。

†山上憶良が託したメッセージ？

それにしてもなぜ、憶良は七つをセットにしたのだろうか。これは憶良が遣唐使として七〇二年に中国に渡った折、七宝(しっぽう)や七月七日の七夕(しちせき)のように陽の数字として好まれる奇数の中で、高位の七を選んだのかもしれない。

秋の七種は『万葉集』で、ハギが一位の一四二首、オバナのススキがカヤなどを含めると四九首で七位、クズが一八首で一八位、ナデシコが二六首で一一位、オミナエシが一四首で二〇位と万葉の植物一六〇余りの種類のなかではいずれも高位、つまりなじみが深かった。一方、朝顔は秋の野の花からキキョウとされ、五首を数える。ところが、フジバカマはわずか憶良の一首に過ぎない。このことから、憶良が何らかのメッセージをこめて、よく知られている秋の花々の中にまぎれこませたという見方もできる。

憶良が訪れた中国では江南地方の畦(あぜ)や野にフジバカマは生え、古くは蘭(らん)と呼ばれていた。花は少し薬品臭がするが、葉は乾くとクマリンのよい香りがする。桜もちの葉の香りである。それで髪を洗った。蘭は今はラン科の植物の総称として使われるが、これはランの花もよい香りがするので、フジバカマと同じ蘭に扱われ、後に母屋(おもや)を奪うほどになったのである。現代では混乱を避けフジバカマは蘭草、ランは蘭花と区別される。

憶良は日本への帰国の際にフジバカマを持ち帰り、それを広めるため、秋の七種の歌を作ったという説も出されている。

フジバカマは秋の野山で見かけるヒヨドリバナと同属で、よく似ていて古歌では勘違いがあったかもしれない。花の色はヒヨドリバナが淡いながら赤紫色がはっきりしている。また、フジバカマの葉は上部を除けば三裂するが、ヒヨドリバナは分裂しない。何より乾かしてもヒヨドリバナは香らない。

リンドウ

薬から花へ　千年

†姿は美しいけれど苦い

秋の野山の彩りのなか、リンドウは際立つ。秋草に混じり、濃い紫が目を引く。風情とは対照的に、字面はおそろしげな竜胆。リンドウの名も、その竜胆に基づく。現代の中国語の竜はロンだが、呉音ではリウ。リウダンから転訛（てんか）してリンドウとなった。その成立は平安時代とみられる。

『古今和歌集』の物の名づくしに、紀友則（きのとものり）は「りうたむのはな」を詠みこむ。

わが屋戸（やど）の花踏みちらすとりうたむ　のはなければやここにしも来る

（四四二番）

リンドウ

私の庭の花を踏み荒す鳥を打とう、野は無いならここにも来るよ――に「りうたむの花」を隠した言葉遊びだが、リンドウの名となる前の漢名からの変化をよく示している。

一方、平安時代には「たつのい草」とも呼ばれた。当時の漢和辞書の『新選字鏡(しんせんじきょう)』(九〇一年頃成立)には「太豆乃伊(たつのい)草」と綴られている。「たつ」は竜の和名、「い」とは熊の胆(い)で知られる胆嚢(たんのう)である。熊の胆は苦い。リンドウも苦い。

竜胆は中国最古の漢方の書『神農本草経』（五〇〇年頃に成立）に龍膽の名で、味苦く、五臓の虫を殺すなどと述べられている。膽は胆の旧字である。その苦さを伝説の竜の胆に喩えたのであろう。これにはリンドウの葉がイヌホオズキ（竜葵(りゅうき)）の葉に似ているからという説もあるが、イヌホオズキの葉は軟らかく、リンドウの葉はやや質も硬く、あまり似ていない。やはり白髪三千丈(はくはつさんぜんじょう)の国、その苦さを伝説の動物、竜の胆に見立てた方に分がある。

苦みの成分はゲンチアニンやゲンチオピクリンなどで、良薬は口に苦しと言われるように、苦みは胃を引きしめるとともに殺菌力があり、健胃剤として使われる。ただし、その苦さは同じリンドウ科で別属のセンブリの方が強い。センブリは千振りの意で、湯の中で千回振り出しても、なお苦いという名を持つほど。

†庭に植えられたリンドウ

いずれにしても、苦いリンドウに、日本本来の名はなかったのであろうか。方言では和歌山県で、キツネやタヌキやカラスの「しょうべんたご」と呼ばれるそうだ。「小便たご」とは小便を入れてかつぐ桶で、リンドウの花の形をたとえた名である。

平安時代の漢和辞書『倭名類聚鈔』（九三一～九三八年）には龍膽の和名に衣夜美久佐、一名迩加奈がある。「にかな」は苦菜だが、「ゑやみぐさ」とは聞き慣れない語である。同じ辞書では瘧を「ゑやみ」と訓じている。瘧は現在でいうマラリアとされ、また、疫にも「ゑやみ」があてられている。その治療に使われたのであろう。

修験道の開祖とされる山伏・役行者・小角は日光の奥でウサギが雪から掘り出し、なめている草を持ち帰り、病人に与えたところ効験があり、霊薬に使ったという。高山には花が淡い黄色のトウヤクリンドウが分布する。その当薬とは病気に当たる、適する意で、やはり薬効に因む名称である。

リンドウは庭の花として『源氏物語』の少女の帖には「くたに」の名でナデシコなどとともに名があがる。花の歴史も千年を超す。

キク

紋章に芸術にと昇華

†天皇に受け継がれる菊花紋の由来

菊は、音読み、訓読み、ともにキクである。それが示唆するように、原産は中国で、栽培化も改良も中国で始まった。

漢字の菊は、花に由来する。その基になった匊は、手をすぼめて米粒を包む形。野生のキクの花は、周辺に舌状花弁が放射状に展開し、中央の丸くかたまった小さい管状花弁を包むのが、匊に見立てられた。

キク属の野生種、いわゆる野菊は日本にも多数自生するが、古代にその花が注目されることはなかった。『万葉集』には秋の七種(ななくさ)をはじめとする秋の草花が数多く詠まれているのに、栽培のキクのみならず、日本産の野菊も全く顔を出さない。このことから、恐らくキクの渡来は『万葉集』の後の奈良時代の末か平安時代の初期であろう。

菊花展のキク

北野天神縁起　第三・第四段恩賜の御衣（北野天満宮蔵）

菅原道真は『菅家文草』（九〇〇年）で、白菊園の漢詩を残す。道真はよく知られているように讒言により、九〇一年太宰府に流され、そこで没した。後に潔白がわかり、各地の天満宮に神として祀られる。京都の北野天満宮には、いきさつを描く絵巻物がある。その国宝「北野天神縁起」では、太宰府の道真が重陽の節句に、醍醐天皇の恩賜の御衣をながめ、往時をしのぶ場面が描かれている。御衣の納められた行李には、側面に一六弁のキクの紋がはっきりと入っている。また、庭には白い八重のキクが縁側近くの手前と後方の二カ所に群れ咲く。

「北野天神縁起」は承久元年（一二一九）頃に成立したとされる。キクを紋章に愛好されたのは後鳥羽上皇で、御製の刀剣一〇振りに使われ、うち九振りは一六弁、一振りのみ二四弁である。後鳥羽上皇は承久の変（一二二一年）で隠岐に流され、そこで崩御する。菊花紋を介して、時代は異なるが、道真との奇縁が感じられる。

以降、天皇に一六弁の菊花紋は受け継がれる。因みに現代はパスポートの表紙に国章として一六弁の菊花紋が使われている。

江戸時代に発達した花芸術

キクは前述したように中国原産で、宋の時代にすでに三五もの品種が記録される。日本では平安時代にキクの品種が分化し始めたとみえ、紫式部は日記で、天皇の行幸に合せて、おもしろいキクを探して掘りとり、植えたと書く。

日本でキクの品種が一気に増すのは、江戸時代である。日本最初の園芸書で水野勝元が著した『花壇綱目（かだんこうもく）』では八〇品種を数えるが、元禄八年（一六九五）から享保十七年（一七三二）の間に刊行された伊藤伊兵衛の『花壇地錦抄』シリーズ四冊で品種は三三一に達する。

十一月には各地で菊花展が催される。その華の大輪作りは、十八世紀末から盛んになった。ふつうは一株で一輪を咲かせるが、東京の新宿御苑では一株から数百本にも枝を仕立て咲かせる技法があり、平成十二年には七五二輪を記録している。これは十九世紀初頭に生まれた菊人形とともに、日本で独自に発達した花芸術と言えよう。

モミジ　世界に誇る日本の紅葉

日本の秋は紅葉で幕を降ろす。その色とりどりの華やぎ、美しさは、世界一であろう。欧米でも秋に木々は彩られるが、黄や茶色が主体で、日本のように紅を中心に錦が綾（あや）なす光景にはなりにくい。

中国は日本と同じような植生だが、どだい五千年間山の木を伐採し続けたため、多様な落葉樹が混じる林は、身近にまず残っていない。戦後、毛沢東は人海戦術で全国に植林を行ったが、それは常緑のマツで単調である。

†カエデとモミジの違い

日本の紅葉が美しいのは、高山や北国を別とすれば、モミジが存在するからである。日本の木で同属中種類が多いのは、春のツツジと秋のモミジを含むカエデ属で二六種におよぶ。これは欧米を合わせた種数よりも多く、日本はカエデ、モミジの王国といえるほど。

カエデ属のうち紅葉するのは、イロハモミジとオオモミジ、ならびにその変種のヤマモミジの野生種やそれらの園芸品種、さらに、カエデと名がつくコミネカエデ、ハウチワカエデ（メイゲツカエデ）なども含まれる。

イロハモミジ

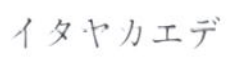

イタヤカエデ

一方、秋に黄色くなるカエデには、イタヤカエデ、ミネカエデなどがある。したがってカエデとモミジは必ずしも葉色でわけられない。

では、カエデとモミジはどこで見分ければよいのだろうか。傾向としてモミジは葉が深く切れこんだ掌状葉で、カエデは切れこみが浅い。

しかし、イロハモミジがイロハカエデと呼ばれたりするように、厳密な両者の区別はつけられない。そもそも名がつけられたいきさつの視点が異なる。カエデはカエルの手に見立てた葉の形から、一方、モミジはカエデも含む「もみつ」という色変わりをさす動詞から由来した。その原点は『万葉集』に残されている。

†カエデは万葉時代から、モミジは江戸時代から

『万葉集』で「もみつ」とその体言の「もみち」には、黄変、黄葉など黄色系の漢字が八割を超す頻度で使われている。

「春されば　花咲きををり　秋づけば　丹(に)の穂に黄色(もみつ)……」。この巻一三の三二六六番の長歌からわかるように赤く色づくのを「黄色」と表現しているのである。

これに対して「もみち」に紅葉をあてるのは巻一〇の二二〇一番一首のみである。

　妹がりと馬に鞍置きて生駒山　うち越え来れば紅葉散りつつ

妻のもとへ馬で生駒山を越えて来たら紅葉が散りつつあると、難波と大和の季節の違いを美しく歌い上げる。

万葉人のモミジの表現は黄始め、初黄葉、黄反つ、黄葉見る、黄葉採り、黄葉手折り、黄葉挿頭さむ、毛美照る、黄葉散る、黄葉流るなどなど、実に豊かである。

庭のカエデは万葉時代から知られるが、モミジを主体にその園芸品種が増えるのは江戸の元禄から享保にかけてで、江戸の染井の伊藤伊兵衛親子の園芸書「地錦抄」シリーズの四冊には、何と一一五もの名があがる。

木の葉を観賞し、多数の園芸品種を育んできた国は、世界で例を見ない。

カキ

明治には千近い品種を数えた

†生産量も品種も激減

近年、その景色はだいぶ少なくなったとはいえ、カキは日本の里の秋に、ひときわ彩りを与える。夏の間は目立たない果実が、晩秋に赤く色づくと、一気にその存在感を増す。そして稲刈りの終った後の農村を一幅の絵に変える。

干し柿(ほしがき)にするために渋柿(しぶがき)の皮をむいて連ねた吊(つる)しも、晩秋の風物詩だった。過去形で書いたのは、市販するための産地を除いてあまり見かけなくなってしまったからである。甘い物が貴重だった昔は、干し柿は自家生産でき、長期間保存がきく重宝な甘味だった。砂糖も甘い物も安く手に入る現代、手間をかけて作る人が少なくなり、第一、カキの木自体が著しく減少した。昭和四十年代の初め、全国でカキは四二万トン生産されていたが、最近はその半分を割る二〇万トン以下の年もある。これは産地で記録された統計のデータだが、カキは北海道を除けば、もともと全国の農家で庭に必ずといってよいくらい植えられていて、統計に顔を出さない生産も多かった。

カキ減少の原因はいろいろあるが、その一つには昭和四十〜五十年代の高度成長期にゴルフが普及し始め、今はチタンが使われるクラブヘッドにカキの心材がアメリカのカキ属のパーシモンの代用にされ、農家の古木が買いとられ、伐採されたのもあげられる。

カキは地方地方によって品種が異なっていた。会津、美濃、西条、御所など地名のついた品種も少なくない。明治末の園芸試験場の調査では、何と九三七品種を数えている。しかし、現在は富有（ふゆう）や平核無（ひらたねなし）のような著名な品種が主力で、地方の品種は激減、百に満たないであろう。

カキ

とはいっても、風土に溶けこんでいるカキだが、一体いつ栽培は始まったのだろうか。

『万葉集』は一六〇〇余りの植物の種類が詠まれ

ていて、クリ、ナシ、またマツタケなどの秋の味覚の名はみえるが、カキの歌はない。唯一、柿の字が載るのは柿本人麻呂（かきのもとのひとまろ）の人名である。

柿本は家の門の柿の木に由来する。人麻呂の父は朝鮮半島からの渡来人とされ、その折にカキをもたらしたのであろうか。

カキの原産は中国で品種も多いが、もともとの品種は渋柿がほとんど。甘柿は日本で見出された。その最も古い品種は室町時代の初期に記録がある「樹淡（きざはし）」で、「木練（こねり）」も同じ品種とされる。

川崎市の柿生（かきお）が産地の禅寺丸（ぜんじまる）は、現存する最も古い甘柿とされ、川崎市麻生区王禅寺の山中で六〇〇年以上前に見出されたという。王禅寺の境内には樹齢四五〇年以上とされる古木があり、「かながわの名木一〇〇選」に選ばれている。

カキは果実の食用だけでなく、かつてはその渋が柿渋として防水や防腐剤として盛んに利用された。渋は葉にも含まれ、防腐をかねた柿葉寿司（かきのはずし）に使われる。

果実の渋を抜くには、現在は二酸化炭素やエチルアルコールによるのが主流である。

冬

サザンカ

初冬に彩りを与える花木

†なぜ最も遅く咲くのか

サザンカは日本の花木のなかで、最も遅く咲く。十一月前から開花が始まり、十二月になってもなお咲き続ける。

サザンカはツバキと似ているが、ツバキは年を越して春に咲き、一緒に花開くことは、ふつうない。姉妹にたとえれば早く咲き出すサザンカは、花暦のうえでは姉にあたろう。

どうしてサザンカは、ほかの木が実をつけ休眠に入る時期になって咲くのだろうか。不思議に思われるかもしれないが、開花生理上そのしくみは解明されている。

花は咲く前に蕾（つぼみ）ができるが、蕾が現われる前に、内部ではすでに花への準備が始まっている。それを専門的には花芽（かが）という。

サザンカの花芽ができるのは、六月下旬から七月上旬で、開花より四、五カ月も先立つ夏なのである。これはサザンカだけの現象ではなく、春に咲くウメやサクラなどの花木の多くも、サザンカより少し遅いが、やはり夏に花芽の準備がされる。

サザンカ

ただ、サクラなどは葉から花芽の成長を抑えるホルモンが分泌され、落葉しないと蕾へと発達しない。サザンカは花芽が葉に邪魔されず、品種によって多少の違いはあるものの気温が二〇度を下回り秋が深まると、蕾ができ、晩秋から花開く。

一方、ツバキも夏に花芽が分化するが、サザンカより温度の感性が異なり、さらに涼しくならないと花芽が成長しない。といって冬の気温は低過ぎ、暖かくなる春まで蕾のままとどまるのである。

†サザンカとツバキの違い

サザンカとツバキは花の構造が違う。それがよくわかるのは、花の散り方。サザンカは花びらが一枚ずつバラバラと散り、ツバキは花びらがまとまったまま花首から落ちる。これはサザンカの花弁の基部が合着していないのに対して、ツバキは花弁の下部が互いにくっつき合っているから。雄しべも同様で、サザンカの雄しべは基部で少し合わさっている程度だが、ツバキは半分ほど合着して筒状をなし、しかも花弁とも下部で合わさっているので、花は雄しべとともに、ボトリと表現されるように落下する。したがって散った後の風情は、サザンカとツバキでは、大きく異なる。

とは言っても両者は近縁で雑種もできる。ハルサザンカはその代表で、開花が春にずれこむのはツバキ、花びらがまとまって散りにくいのはサザンカの特徴がでている。

ツバキが万葉時代から歌に詠(よ)まれ、栽培もされているのに較べると、サザンカが認識されるのは遅い。私が知る最も早い記録は、桃山時代の狩野山楽(かのうさんらく)の絵である。京都の個人が所有するが、その絵には林立するサザンカだけが描かれている。鳥も岩も山も描かれていない、いわば花鳥風月の従来の日本画から脱却した、花が主体の画期的な描かれ方である。

サザンカの名は、中国でツバキをさす山茶花と間違われ、「さんさか」から変化した。では、サザンカの名が広がる江戸時代以前には、どう呼ばれていたのだろうか。ツバキの「かたし」に対して、「ひめかたし」や「こかたし」、また、「ひめつばき」の方言が、九州や四国に残されている。

サザンカは山口県から四国南部、九州、沖縄に自生し、佐賀県の千石山に天然記念物の純林がある。なお、沖縄には別種で花が小さいヒメサザンカが分布する。

ヤツデ

ヨーロッパを驚かせた木

†日本の掌状葉では最も大きい

大きさといい、形といい、ヤツデは日本の木のなかでは、きわめて特異な姿である。また、花の時期も野外の木で最も遅い。

少し専門的になるが、葉と花からヤツデを植物学的に位置づけてみよう。葉はネムノキやヤシのように小葉(しょうよう)という細かい小さい葉がたくさん並ぶ羽状複葉(うじょうふくよう)から、バラの五小葉、クズやハギのような三小葉を経て、見慣れた一枚の葉、単葉に進化した。その過程でトチやアケビのように、小葉が掌状(しょうじょう)に展開する掌状複葉も生じた。掌状複葉の基部が合着(がっちゃく)すると、モミジのような掌状葉(しょうじょうよう)になる。ヤツデもそれにあたるが、日本の掌状葉では最も大きい。

熱帯の木は羽状複葉や掌状複葉が多いのが特徴で、四分の一から三分の一におよぶ。

そして、葉は常緑で大きい。これが北方に向かうにつれて、複葉の木の割合は減り、存在しても落葉樹となる。掌状葉も同様である。

花の時期も、ヤツデは熱帯の花の性質を残している。日本の木の花が実になり、葉も

ヤツデ

ヤツデの実

落とす晩秋から初冬に花開く。熱帯では昼と夜がほぼ等しい。ヤツデは昼が長い夏の間には花芽を作らず、昼と夜の長さが熱帯のような日長下の秋に、花芽を形成し、開花に到るのである。

†シーボルトがヨーロッパに紹介

ヤツデの名は八つ手。その名から八本の指のような裂片があると思われるが、実際は切れこみが八つで、裂片は九つ、あるいは裂片が七つで切れこみが六つの場合が多い。つまり、裂片は奇数で、切れこみは偶数になる。

ヤツデが発芽した直後の葉は切れこみがない単葉で、その後裂片は三、五、七、九と数を増やしていく。私が数えた中では一九が最多であった。さらに切れこみの入る葉もあろう。はたして最高はいくつなのか。

ヤツデの花もよく見ると、意外な咲き方をする。球状に展開する白い花のかたまりは、いくつも重なり合う。それらは上部では雄しべが先に熟して花粉を出し、雄しべと花びらが落ちてから雌しべが熟す。下部のかたまりは、雄花だけが咲く。

ヤツデの花の咲く晩秋から初冬には、もはやチョウも甲虫もいない。訪れるのは、ハナアブやハエである。それらの昆虫にとっては花のない季節、冬越しの大切な食物となる。

果実はゆっくりと熟し、黒く完熟するのは翌年の五月頃。半年を要するのである。

ヤツデはいろいろと目立つ木でありながら古典には一切顔を出さない。江戸時代になっても、貝原益軒は、佳木でなく、京都やその周辺の京畿にこれを見ないと『大和本草』（一七〇九年）に書いた。

ただし、民間では魔よけや厄よけになると門前に植えたり、疫病流行の折には門口や玄関にその葉を吊るすと俗信された。また、鹿児島では田の神、水神や氏神への供え物はヤツデの葉に載せたという。

観賞植物としての価値をヨーロッパに伝えたのはシーボルトで、大きな耐寒性のある常緑の葉は、人々を驚かせた。

ミカン

彩り、味、香り、個性豊かな柑橘類

古代の儀礼で用いられたタチバナ

十二月は柑橘の彩りが美しい。温州ミカン、いわゆるミカンは朱色を帯びた赤、ダイダイは橙色、ユズは黄色に色づく。

ミカンのなかまは、専門的には柑橘と呼ばれる。本来は柑は甘いミカン、橘はタチバナに代表される小さいミカン類だが、ダイダイやユズなども含めた総称として柑橘類あるいは単に柑橘とも言われる。

タチバナは現代では身近に見かけない。しかし、古くは儀式や行事に用いられた重要な木であった。その名残は、「右近の橘」として現代も平安神宮に植栽されている。

タチバナは垂仁天皇の命を受けた田道間守が常世国から持ち帰ったとされ、その折の名称、非時の香菓を菓子の始まりとみて、現在も田道間守を祀る兵庫県豊岡市の中嶋神社には、新しい菓子が売り出されるにあたって、メーカーが新製品を奉納すると聞く。

『万葉集』にはタチバナは六九首歌われ、万葉植物中、ハギ、ウメ、マツに次ぐ。その多くは花を詠むが、大伴家持は紅葉が散った後にタチバナがツヤツヤと照り輝く様も詠んだ……秋づけば時雨（しぐれ）の雨降りあしひきの山の木末（こぬれ）は紅（くれない）ににほひ散れども　橘の成れる

ダイダイ

その実は直照り(ひたじ)にいや見が欲しく……（巻一八―四一一一番）。

因みに『万葉集』にはカラタチも歌われるが、これは「唐橘(からたちばな)」が省略された名である。

タチバナのなかで特に甘味があるのをアマタチバナと言う。別名はクネンボで、インドの名称に由来する。

✝ミカン、ユズ、ダイダイ

甘いミカンとしては古くはコミカンが著名で、紀州ミカンの名もあるように、和歌山県が産地であった。江戸時代に紀伊国屋文左衛門(きのくにやぶんざえもん)が舟で江戸に運び、大儲けしたとされるミカンで、小ぶりで中に種子がある。

明治以降は種子がなく、大きくて甘い温州ミカンが全国に普及した。温州と名がつくが中国の浙江省(せっこうしょう)の温州原産ではなく、日本で生み出された。その発祥の地は天草の南にある鹿児島県の長島である。江戸時代に九州で知られてはいたが、種子がないのが「子無し」に通じるとして、縁起が悪いとみられたせいか、当時は九州を出て広がらなかった。

温州ミカンの起源は、最近DNAの解析から農研機構果樹茶業研究部門が、紀州ミカンにクネンボの花粉がかかった雑種に由来すると発表した。

柑橘類は酸味も特色で、ユズはその方向に特化した柑橘の一つである。スダチやカボスもその系統である。ユズの果皮には独特の香りがあり、それを料理や菓子に利用するだけでなく、風呂に入れて楽しむ。冬至のユズ湯はその象徴的存在と言えよう。

冬至のユズ湯は、冬至と湯治の語呂合せ的な面もあろうが、短日の極まる冬至にユズ湯で血行をよくし、健康を願う意味がこめられているのではなかろうか。

正月飾りのダイダイは、冬に色づくが、暖かくなると木に成ったまま再び緑を帯びてきて、夏には青くなり、二、三年落ちない。これが「代々」を思わせ、縁起がよいと正月に飾られる。

柑橘類は目で、味で、香りで、さらには正月のおとそに含まれる陳皮(チンピ)のように、薬用効果も備えた有用な果実なのである。

マツ　門松の由来

†神事と深く結びついた常緑樹

一年の始まりの正月には、ユズリハ、ダイダイ、ウラジロなども飾られるが、なんといってもゆかりの植物の筆頭はマツである。派手な門松は少なくなったが、小松一本を門に飾る風習は、それを種子から育て、流通させる業種もあるくらいで、正月の風物である。この見慣れた習俗は、世界に例を見ない。なぜ、日本の正月とマツが結びついたのであろう。

日本はマツが多様な国である。海岸にクロマツ、内陸にアカマツ、山地にゴヨウマツ、高山にはハイマツが生え、沖縄にはリュウキュウマツが分布する。

海岸のクロマツは、日本人にとっては見慣れた存在だが、海外では海辺に生えるマツは珍しい。また、マツからは幹がくねくね曲がる姿を思い浮かべるが、東アジアを除けば、世界的にマツの幹は直立する。たとえばカナダのロッキー山脈では、まるでスギの林のようにロッジポールパインが林立する。そして、名の通り家の柱に使われる。

マツ

一方、日本のマツは幹をくねらせ、ごつごつとした肌は、風雪や潮風に耐え、その年月を経た姿には威厳がある。人がそれに畏敬の念を抱いたとしても不思議ではない。

風でざわめくと神が降臨する

マツの語源は、その下で神を待つ、「まつ」から生じたとする説がある。海岸のマツの下で、神の到来を待ち、神を祀り、神を迎えて祭りを行ったというのである。待つ、祀る、祭りの語はすべてマツにつながり、神に関連するという見方は確かに一理ある。では、その神とは何か。それを詩人の村次郎はクジラと解いた。村は芥川比呂志の友人で、戦中、戦後の初めは詩作に励むも、筆を折り、青森県の八戸で旅館を営みながら、日本語の成り立ちを思考した。縄文時代、海岸の松林のもとで、クジラが打ち上げられるのを待ち、獲れると何カ月も食料になり、祭りとなったと、村はいうのである。

神の存在は、凡人にはわからない。しかし、マツが風によってざわめくと、そこに神が降臨したように感じたのであろう。風と結びつき、熟語をなす植物はマツだけである。その松風は、すでに『万葉集』で三首（巻三―二五七番、二六〇番、巻八―一四五八番）詠まれている。

天降りつく　天の香具山霞立つ　春に至れば松風に池波立ちて　櫻花……

（鴨君足人・巻三―二五七番）

また、その神々しさを形容した歌もある。

茂岡に神さび立ちて栄えたる　千代松の樹の歳の知らなく

（紀鹿人・巻六―九九〇番）

マツは常緑でもあり、長寿や繁栄のあやかりを期待できる。平安時代は、常緑でやはり神にゆかりを持つサカキを門に飾ったりしたが、神を待つ原義のマツが、新年の神迎えにはふさわしいと、新年のマツ飾りが広まったのであろう。門松には古の人の思いが底流していよう。

ナンテン

その俗信と実用

†冬枯れの野に彩りを加える実

植物にも流行がある。身の回りの花やみどりは、時代とともに移り変わる。庭の植物は、家の造りの変化に影響を受けやすい。

かつて日本の家屋の便所は、脇に手水鉢(ちょうずばち)が置かれ、じめじめしていた。日陰のその場所によく植えられていた木がナンテンである。もともと林内に生えているため、日陰に耐えられるうえ、ナンジニンという成分などを含み、殺菌力があり、不衛生な場所に向く。そして何より、ナンテンは美しい。

しなやかな枝に細い葉。一見弱々しく見えて、冬の寒さにも葉を落とさず、赤味を帯びて冬枯れの暗い場所に彩りを与える。

小さい赤い実はたくさん成って、晩秋から数を少しずつ減らしながら、冬に輝く。

ナンテン

オカメナンテン

ナンテンは暖地の林に点在しているが、鎌倉時代まで知られていなかった。名が上がるのは、藤原定家(ふじわらのていか)の『明月記(めいげつき)』が最初である。建保五年(一二一七)三月二十九日に開かれた前栽(せんざい)合せ、左右にわかれて造った前栽の優劣を競う遊びに南天竺(なんてんじく)、別称南天燭(なんてんしょく)として載(の)る。その後、寛喜二年(一二三〇)六月二十日、定家はナンテンをもらい、自宅の庭に植えている。

ナンテンは赤い実を除けば、現代ではどちらかと言えば地味な存在である。ところが脚光をあびた時代があった。江戸時代の後期、文化文政時代に人気を呼び、増田金太の著した『草木奇品家雅見(そうもくきひんかがみ)』(一八二七年)には、糸葉の錦糸ナンテン、丸葉ナンテン、笹葉ナンテン、葉が盛り上がるオカメナンテン、斑入(ふい)りや矮性株(わいせいかぶ)など一八もの品種が図示されている。

ナンテン好みが頂点に立ったのは、明治時代で、『南燭品彙(なんてんひんい)』(一八八四年)には、実に一一二二の品種を数えた。

†縁起物としても愛される

これらの愛好家の世界とは別に、ナンテンは庶民の習俗にも使われた。ナンテンの名が難転に通じるとして、縁起がかつがれたのである。病気の全快祝いに配る赤飯にはナンテンの葉を表向きに添え、かつては安産を願ってお産の折にふとんの下に葉を敷いたり、良い夢を見るようにと枕の下に葉を敷き、悪い夢を見たら葉を頭にさしたり、木を拝んだりした。門口に植えたり、北東の鬼門に植えて災難除けにもされた。武士は鎧櫃の中に葉を入れたり、出陣の折に床に枝をさして、無事を願ったという。

正月の生け花に飾られ、床の間にナンテンを描いた掛軸をかけるのも、美しさだけでなく縁起物としての役割も兼ねさせている。

ふつう見かけるナンテンは、せいぜい背丈ほどの高さで、幹は細い。その姿からは想像がつかないが、大きく育つと高さが五メートルを超え、幹の太さが一〇センチにも達する。金閣寺の境内の茶室、夕佳亭には周囲が二〇センチの柱が使われている。東京都葛飾区柴又の帝釈天題経寺の南天の間にも枝分れした床柱がある。ナンテンは、かつて現代より関心がはらわれ、意外な利用もされていたのである。

ヤブコウジ

千年の伝統を秘める

†古名は「山橘」

平成二十三年十一月三日、秋篠宮ご夫妻の長男、悠仁さまの「深曽木(ふかそぎ)の儀」が行われた。五歳になられた悠仁さまの健やかな成長を祈る皇室の儀式で、平安時代から続く長い伝統を持つ。碁盤の上に立ち、髪を少し切られた後、飛び降りるしぐさが珍しく、テレビでも放映された。その際、左手に小松とともに緑の小さい木を持たれていた。マツは目についても常緑の小木の方は、気づかれなかったかもしれない。それはヤブコウジ(藪柑子)である。

とすれば、なぜ「藪」のつくような植物を重要な皇室の儀式で使うのか。いぶかしく思われよう。解く鍵は別名にある。

ヤブコウジは室町時代に一部の書に初見するが、江戸時代に広がったとみられる呼名で、古名を山橘（やまたちばな）という。山橘は、すでに『万葉集』で五首が歌われている。そのうち三首は大伴家持が詠んだ。

ヤブコウジ

ヤブコウジの花

この雪の消(け)残る時にいざ行かな　山橘の実の照るも見む

この巻一九の四二二六番の歌は、白い雪に照り光る赤い実、そして葉の緑と配色が際立つ。色彩が鮮やかな印象的な歌である。

ヤブコウジは地表低く育つ。七～八月に咲く花は、一センチにも満たないうえ、葉に隠れるように下向き。地味な小低木だが、冬枯れのなか、小さいながら赤い実が熟せば、目につこう。マンリョウやセンリョウに較べれば見劣りがするのに、早くから知られていたのは、身近な山や林で生育しているからであろう。

山橘の名は、タチバナが本物は珍しいのに名だけ広がり、常緑の葉と丸い実を持つというイメージが先行し、身近な山や林に生え、冬をしのぐ緑の葉と実を持つヤブコウジが、似通うと見られたのであろう。

「非時香菓(ときじくのかくのこのみ)」タチバナと同列の名で扱われた山橘は、平安時代には正月の初卯の儀式に用いられた。天皇、皇后、東宮などに宮中の役所から邪気を払う呪力があるとされた卯杖が献上された。卯杖にはヒカゲノカズラが巻きつけられ、ジャノヒゲ（山菅）とヤブコウジが飾られていた。

ヤブコウジで飾られた卯杖は『枕草子』の八二段（八三段）にも書かれている。また、卯槌も同様に邪を払い、長命を保つ力があると信じられ、『源氏物語』の浮舟の帖でも取りあげられている。

卯杖とヤブコウジの儀式は、現代も京都の上賀茂神社の神事で行われている。初卯の日にウツギの枝を束ね、ヒカゲノカズラを巻きつけ、赤い実をつけたヤブコウジとセキショウの葉をさして、神前に供えるそうである。

ヤブコウジは江戸時代から栽培され、後期は斑入りなどの園芸品種が増え、明治二十年代に大流行する。その中心地は新潟県や山形県で、一株が現在の金額で数千万円にあたる取引きがされる狂乱的投機が起り、新潟県は禁止令を出し、売買を禁じたほどであった。

冬をしのぐ姿はそのままで美しい。人の欲望は、それを見失う。

ヒイラギ

節分の植物行事

†農耕儀式に根ざす習俗・節分

日本の伝統文化のなかには、中国から伝わった習俗が、溶けこんでいる場合がある。行事にもそれがみられ、節分の豆まきも、その一つと言えよう。

もともと節分という概念自体は、中国に由来する。中国では、季節の移り変わる立春、立夏、立秋、立冬の日の前日を節分と呼んだ。したがって本来の節分は年四回あるのだが、日本ではそのうち立春の前日のみが普及し、現代は他の季節の節分は忘れ去られている。

節分の夜を年越しといい、豆をまく。また、現代では少なくなったが、門にイワシの頭とヒイラギの小枝を挿したりする。この風習は中国の節分にはなく、日本独自である。ただし、それらの由来は、中国の鬼はらいの習俗と通じる。

古代の中国では、正月に山から山臊という鬼が降りてくる、と俗言された。それを追いはらうために、爆竹を鳴らす。

日本でも平安時代には、大晦日に宮中で鬼をはらう追儺（ついな）の儀式が行われた。式部職に

ヒイラギ

『政事要略』に描かれている平安時代の追儺の儀式の様子。四つ目の面をつけ、丈と楯をもって鬼を追い払う（『図説日本文化史大系４』小学館）。

鬼の姿をさせて追いはらい、疫病よけを願った。

当時の暦は月の運行による太陰暦で、この旧暦は現行の太陽暦との間にずれが生じ、四年に一回ほど一年を十三カ月とするうるう月を設け、調整した。うるう月が生じる前年には、正月の前に立春が来たり、重なったりするうえ、大晦日は何かと多忙で、他の行事もあるため、鬼はらいは大晦日から節分に移されたとみられる。

さらに、節分の行事には、中国の鬼はらいとは別な、日本独自の農耕儀式に根ざした習俗も底流する。その鍵となるのが、ヒイラギであり、イワシの頭である。

†なぜ節分にヒイラギを挿すのか?

かつて農村では、田畑の作業を始める前の立春の頃に、虫よけのまじないを行った。作物を食べる害虫の口を封じる〝焼いかがし〟で、虫を焼き殺すぞ、と呪文を唱えるとともに、悪臭をかがせ、虫が逃げ出すように仕向けたのである。実際、農薬のない昔は、髪の毛を燃やしたり、煙でいぶして追いはらった。イワシの頭は、そのシンボル的な存在にあたる。

一方、ヒイラギは葉の周辺の鋸歯が尖っているので、鬼が目を突かれぬようにと避けるから飾るとされる。ヒイラギは年を経ると鋸歯がなくなり、丸くなる。また、伊勢や出雲では、歯に鋸歯がなく丸いトベラをヒイラギのように戸や門に挿す。となると鬼の目を突くという俗言では矛盾を生じる。ところが、両者は共通する性質をもつ。歯の表皮が堅く、熱すると表皮下の空気が膨張し、やがて竹と同じく爆裂し、次々と音をたてる。このはぜる音で、虫を脅したのである。さらにトベラには、臭気もあり、音と悪臭の相乗効果で、害虫の追い出しをはかったとみられる。

豆まきも、音の威力が下地にある。古くから伝わっていた豆のなかでは、ダイズが炒った際の破裂音が最も大きい。アズキは皮が薄く、炒り豆にはならない。鬼が嫌いな大層な音をたてて炒ったダイズの豆が、鬼を追いはらうには効果的とされたに違いない。

節分の鬼の正体は、日本と中国で異なっていても、厄払いは共通し、融合し合って、独特の節分行事が育ったと言えよう。

スイセン

名に由来を秘めたる

「水仙」はギリシャ神話に由来?

温暖化が進んでいるとは言え、日本の冬は厳しい。沖縄などを除けば、冬に戸外で花を咲かせる草花は、きわめて少ない。その例外の一つが、スイセン。夜間は氷点下になるような季節に、凛と形容されるように咲く。その上、強健で、肥料を与えなくても、また、病害虫に侵されることもなく、放ったらかしで、毎年、新春の庭を彩る。

考えてみれば、スイセンは謎めいた植物である。なぜ「水仙」なのか。いつ日本にもたらされたのだろうか。

「水仙」の名を、中国の明の本草学(ほんぞうがく)の大家李時珍(りじちん)は「湿った場所に適し、水が必要なので、水仙と名付く」と、漢方の大著『本草綱目(ほんぞうこうもく)』で解く。確かにスイセンはジメジメした所で育つが、それだけでは、「仙」の字義がわからない。

スイセンのふるさとは地中海沿岸で、ギリシャにはスイセンにまつわる神話がある。森の泉のほとりで美しい人に出会った美少年ナルキッソス（ナルシウス）は、一目惚れし、通いつめるが、呼びかけるも答えてくれず、ある日、思い切って抱きしめようと、

スイセンの群落

のり出したところ泉に落ち、おぼれ死んでしまう。それを悲しんだニンフがスイセンの花によみがえらせたという。

ナルキッソスは泉に映った自身の姿に魅せられた。自己陶酔する人をナルシストと呼ぶのも、青年の名に基づく。ただし、スイセンは有毒で、口にすれば朦朧（もうろう）となり、その状態から神話は作り出されたのであろう。

「水仙」に話をもどせば、中国では水中に入り化身するのは仙人である。ギリシャ神話が遠く中国に伝わり、それが「水仙」の名を生んだとみられる。

†越前海岸に群生するスイセンと伝説

二〇一二年に放送されたNHKの大河ドラマ「平清盛」では、鳥羽法皇が待賢門院（たいけんもんいん）璋子（しょうし）の愛したスイセンの花を死の床に伏した璋子に届けるシーンがあった。それは源義朝が東北で入手し、清盛を悔しがらせるが、璋子の亡くなったのは久安元年（一一四五）の八月二十二日、現行暦では九月十七日である。その時期には遅咲きにしろ、早咲きにしろスイセンの花は、現代においても、まずない。また、その頃にスイセンが渡来していた確実な記録も見当らない。

スイセンは『源氏物語』や『枕草子』をはじめとする平安文学には全く名がみえない。渡来していたのなら、紫式部や清少納言が取りあげないはずはないと思われる。日本最古の記録は、摂政九条良経（一一六九～一二〇六年）の描いた色紙といわれる。

福井県のスイセンの名所、越前海岸のスイセン伝説では、越前居倉浦にある兄弟がいたが、木曽義仲に参じた兄が頼朝との戦で傷を負って故郷にもどると、嵐で遭難し漂着した娘をめぐって弟と争いになり、悲しんだ娘は海に身を投げ、その翌春、海岸に美しい花が咲き、それがスイセンだったとされる。平安末期に、あるいは球根が漂着したのだろうか。

スイセンの名が初めて記されるのは、室町時代の辞書『下学集』（一四四四年）である。

フクジュソウ

春を知らせる花

✝春を待つ思いがこめられた花

日本には、めでたい名の植物が、いくつかある。一つは吉祥草（きちじょうそう）。花をつけにくく、咲くとめでたいことが起るとされたユリ科（DNA解析からはスズラン科）の多年草である。

それよりもっと名の知られるのが、フクジュソウで、福と長寿を併せ持つ。日本に自生し、江戸時代より正月に鉢植えで飾られた。ただし、それは本来の姿ではない。野外では確かに開花の早い早春の花で、雪が残る中から花をあげる。それにしても自然では正月に開花することは、暖地でもない。

正月に花の開いた株は、初冬に露地から掘りあげ、加温して開花を促成させる。この技法は江戸時代にすでに行われていた。旧暦の正月は現在よりも一カ月ほど遅いが、まだ寒く、そのままでは咲かない。冬も温度の高い麴室（こうじむろ）を利用したり、柿渋を塗った油紙をはった室（むろ）を作り、火鉢で温めて開花を促進させたようだ。

正月の花としてのフクジュソウの歴史は、江戸時代の初期にまでさかのぼる。松江重頼（しげより）の俳諧の入門書『毛吹草（けふきぐさ）』（一六三八年、刊行は一六四五年）に「福寿草、又は

フクジュソウ

元日草ともいふ」と記述されている。歳旦草や正月花の別名もある。

また、雪割りや雪割草と呼ばれた。現在、標準和名のユキワリソウはサクラソウ科の草花にあてられているが、ユリ科（シュロソウ科）のショウジョウバカマやキンポウゲ科のスハマソウなども、そう呼ばれ、売られていたりする。いずれにしても、雪深い地方では、雪の中からいち早く咲くその花に春を待つ思いがこめられていよう。

北海道や青森県の太平洋側や岩手県では、「まんさく」とか「まんさぐ」の呼名が使われる。「まず咲く」からの命名で、木のマンサクも同じ発想だが、区別するためフクジュソウは「つちまんさぐ」の名もある。土からまず咲く意味で、当を得ている。

北国ほど春は待ち遠しい。暦の十分なかった昔は、自然の息吹きに五感を傾け、春の兆しに今よりいっそう喜びを感じたに違いない。

†アイヌの春の女神

アイヌの人々はフクジュソウを春の女神の化身と見、神話が伝わる。春の女神の名はクナウ。それに因んでフクジュソウをクナウと呼んだ。クナウの父神は娘のむこにモグラの神を選ぶ。モグラの神は領地が広く、勇ましいと信じられていたからである。といってもモグラ、クナウは嫌い、いやがって逃げまわり、怒った父神は、クナウをモグラのすむ土の中のフクジュソウに変えてしまったという。

また、フクジュソウにチライキナとかチライアパッポのアイヌ名もある。チライは魚のイトウ。キナは草、アパッポは花である。アイヌの人たちにとって、かつてイトウは春の最初の大切な食べ物だった。雪解けの頃イトウは姿を現わす。フクジュソウは、その訪れを知らせる花暦だったのである。

野生のフクジュソウは丸弁の黄花だが、赤花や白花、また黄・緑・黄と三層に咲く三段咲き、細裂弁など多数の品種が江戸時代から作り出され、幕末にはなんと一二六品種を数えた。日本独自の園芸植物でもある。

ネコヤナギ

連想はいろいろ

†ふんわりとした綿毛がかわいい

花は季節を美しく演じてくれる。なかには、花にさきがけて蕾（つぼみ）が際立つ種類もみられる。その代表の一つは、ネコヤナギであろう。

枝先にふんわりとした絹毛がふくらむと、冬の寒さは遠ざかり、春が灯（とも）る。

小さいながらその感触や丸い姿からネコを連想して名付けられた。今ではそのネコヤナギの名称が広く使われるが、結び付けられたのはネコだけではない。かつて地方では、さまざまな呼び方がされていた。ネコと二分する名は子犬。イヌコロ、エノコロ、インコロ、イノコロヤナギなどと称された。また、ネコに関しても、ネコネコ、ネコジャラシ、ネコノマクラ、ニャンコノキなどいろいろ。

東北や飛騨ではベコ、ベコベコ、ベコヤナギなどの名も残されている。ベコはウシの愛称。いずれも身近な愛らしい家畜に喩えられているが、歴史をさかのぼれば、その見方はさらに広がる。

清少納言は『枕草子』で季節を簡潔な筆致で情緒豊かに綴るが、その二（三、四）段

ネコヤナギ

雄木の花穂

に、三月三日のヤナギが取り上げられている。ヤナギの風情は改めて言うまでもないと述べた後に「それも、まだ、まゆにこもりたるは、をかし。ひろごりたるは、うたてぞ見ゆる」と続ける。繭にこもっているのは趣があるが、ほどけて広がってしまうと、つまらなく見えると書く。この「繭にこもる」はヤナギの芽ぐんだばかりの状態とされる。しかし、一般のヤナギの芽よりもネコヤナギのネコの部分の方がより「繭」そのものにふさわしい。

ネコヤナギの「ネコ」に見立てられた部分は、植物学的には花穂にあたり、冬にかたく冠っていた帽子のような茶色の芽鱗が脱げ落ちると、丸いふんわりとした銀色の絹毛の花穂が現れる。それは昔の小さいカイコの繭を思わせる。

✝春を連れてくる植物

ヤナギはふつう雌木と雄木がある。ネコヤナギも雄木の花穂は、日を経ると雄しべの花糸と紅色の葯が発育し、全体が銀色から鮮やかな紅色になり、さらに葯が裂け花粉が出ると黄色に変わる。

冬の芽鱗の茶色から銀色、紅色、黄色、さらに緑色の芽吹きと、春の流れは刻々とネコヤナギを変化させていく。なお、雌木は銀色の繭の後、雄木のような華やかな色のうつりはない。いずれにしても花が咲き終えると、清少納言の表したように花穂はみすぼらしくなってしまう。ただ、春の終りの頃、雌木の穂は熟して白い絹毛でおおわれた種子を飛ばし、再び目を引く。

ネコヤナギには花穂の黒い変種があり、クロヤナギと呼ばれる。ネコヤナギは水辺に自生するが、山地に生えるヤマネコヤナギと呼ばれるバッコヤナギとの間に、フリソデヤナギという雑種がある。名は明暦三年(一六五七)一月、同じ振り袖を着た三人の娘が病死し、法会のため焼いたその振り袖が引き起こした「振袖火事」の火元とされる、本郷丸山町の本妙寺に植えられていたのに由来する。

さまざまな名でヤナギは春を連れてくる。

ツバキ

材から葉、そして花へ

†毀誉褒貶を経たツバキ五千年

ツバキの見方は、時代とともに変遷した。それは呼称の変化にも対応し、現代では思いもよらない利用もされてきた。

ツバキが最初に認識されたのは、縄文時代である。福井県の風光明媚(ふうこうめいび)な三方五湖(みかたごこ)の最も奥まった所にある鳥浜貝塚から、五千年前のツバキの材で作られた石斧(せきふ)の柄や竪櫛(たてぐし)が出土している。一月末そこを訪れたら、今も遺跡近くにヤブツバキが生えていて、赤い花を咲かせていた。

ツバキの材は堅くて弾力があり、その性質は斧の柄や櫛の歯に向く。九州、中国や四国ではツバキがカタシと呼ばれていた。材に注目した名で、ツバキの名に先立とう。

ツバキの名は照りのある厚い葉に基づく艶葉木(つやばき)か厚葉木(あつばき)とみられる。『古事記』では、仁徳天皇や雄略天皇をたたえ、「ゆつ真つばき」と形容する。「ゆつ」とは神聖な意味で、常緑の幅広い照葉に常の栄光を重ねた。一方、『万葉集』では花が歌われる。

ヤブツバキ

わが門の片山つばきまこと汝(なれ)　わが手触れなな土に落ちもかも

（巻二〇―四四一八番　物部広足(もののべのひろたり)）

詠者は防人(さきもり)として東の国から出向き、一人になって暮らす妻をツバキの花にたとえ、私が帰るまで無事でいるだろうかと案じる。ツバキが門の近くに植えられ、花が首から落ちる習性をよく見ていたのであろう。

『万葉集』にはツバキの歌は一一首詠まれている。ところが、平安時代になると『古今和歌集』に歌われず、『源氏物語』では葉を使った「つばもち」や場所の「つば市」のみで、花の描写はなく、『枕草子』も「つば市」のみで、木の花づくしにも取りあげられていない。

平安文学だけでなく、鎌倉時代にもその傾向は続く。『新古今和歌集』など勅撰和歌集にも天皇をたたえる玉椿などの歌が若干詠まれるに過ぎない。

藤原定家(ふじわらのていか)は庭にさまざまな花木、果樹、植木を植えた。生涯の日記『明月記(めいげつき)』には、折に触れ、その様子が書かれているが、ツバキは顔を出さない。現存する四六〇一首の定家の歌にも「たまつばき」を二首数えるのみ。

ツバキの花が平安、鎌倉時代に好まれなかったのは、花首から落ちる姿が嫌がられたのであろうか。室町時代に池坊専応が相伝したとされる初期の生け花書『仙伝抄』には禁花のなかで出陣や祝言に忌む花としてツバキがあげられている。その一方で、庭園にツバキが植えられ出したとみられ、織田信長の弟で茶人の織田有楽斎の遺愛のものと伝わる有楽ツバキが京都の月真院に残る。また、大徳寺の総見院には利休や秀吉ゆかりのツバキの一種「胡蝶侘助」の巨樹があった。

ツバキ人気に火がつくのは江戸時代で、京都の浄土宗の名刹・誓願寺の法主を務めた安楽庵策伝が、一六三〇年『百椿集』を出す。これは日本最古の花の図鑑である。江戸では徳川二代将軍秀忠や三代将軍家光が江戸城吹上の花壇にツバキを植え、楽しんだという。

ツバキはほかにも種子から油がとれ、材の灰は古くは紫の媒染に、現代は釉薬にもされる。多目的有用植物なのである。

あとがき

本書は日本武道館の月刊誌「武道」の連載に基づく。四季折々の植物と日本人の関わりを「四季の彩」のタイトルで、二〇一〇年（平成二十二年）一月の門松から季節を追って毎月取りあげた。連載は三回りし、三年三カ月続き、二〇一三年（平成二十五年）の三月で終了した。

本書はその三九回の連載分に、新たに八重ザクラ、タンポポ、アセビ、バラの四篇を加えた。主な行事植物や古くからの園芸植物は、ほぼ取りあげたのではないかと思う。その伝統は日本文化の歴史でもある。

筆者が東京農業大学のバイオセラピー学科で教えていた折、ちくま新書の永田士郎さんが訪ねてこられ、日本の身近な野生植物でカラー新書を出したいとの申し出があった。

その企画も興味が持たれたが、当時、「四季の彩」を連載中で、重なることも多く、待ってもらうことにした。

そのかわり、NHKラジオ第二のカルチャーアワーで放送していた「地球環境変動の現場から――植物は警告する」を先にまとめてもらい、ちくま新書で『植物からの警告』として二〇一二年に出版できた。

その後、「武道」誌の連載は終了したのだが、忙しさにまぎれてそのままになっていたが、昨秋、改めて永田士郎氏よりカラー新書での出版を勧められ、本書の誕生につながった。行事植物や花の歴史について、すでに数冊の本を書いたが、写真は白黒に過ぎなかった。一方、朝日新聞の一面で五年間続けたコラム「花おりおり」は、写真はカラーだが、一三〇字ほどの短文だった。本書は美しい写真とともに構成できた。華やかな写真は、堅苦しい文をなごませてくれよう。

彩る写真はすべて鈴木庸夫氏の撮影による。雑誌連載時はいずれも大小二枚の写真を使っていたが、新書判では構成上、多くの植物の小さい写真の方を一枚カットした。

園芸植物の世界では日本の伝統園芸として江戸園芸が脚光をあびている。しかし、日本人の園芸への関心は何も江戸時代に始まったわけではない。花が咲くには、根を張り、枝葉が茂ってから華やかな開花に至る。日本の園芸もすでに千数百年をさかのぼる万葉時代にその土台が培われている。本書の随所で示したように万葉人は庭での花栽培を楽しんでいる。その中には日本の野生植物を野山から庭に移したものも少なくない。その伝統が平安時代、鎌倉時代、室町時代と千年近く続いた後に、江戸時代になって大いに花開くのである。庶民の園芸は中国は別としても、欧米よりはるかに先立つ。さらに日本人の生活に根づいた行事植物の由来など、四季の植物の伝統と文化を本書から読み取っていただければ、筆者の望外の喜びである。

本書は筑摩書房の永田士郎氏の熱意によって世に出すことが出来た。また、その基となった「武道」誌出版元の日本武道館教育文化部の三好秀明氏、長瀬まり子さんにもお世話になった。合せて深く感謝したい。

二〇一七年一月

湯浅浩史

ちくま新書
1243

日本人なら知っておきたい四季の植物

二〇一七年三月一〇日 第一刷発行

著者 湯浅浩史（ゆあさ・ひろし）

発行者 山野浩一

発行所 株式会社 筑摩書房
東京都台東区蔵前二-五-三 郵便番号一一一-八七五五
振替〇〇一六〇-八-四一二三

装幀者 間村俊一

印刷・製本 三松堂印刷 株式会社

乱丁・落丁本の場合は、左記宛にご送付ください。
送料小社負担でお取り替えいたします。
ご注文・お問い合わせも左記へお願いいたします。
〒三三一-八五〇七 さいたま市北区櫛引町二-六〇四
筑摩書房サービスセンター 電話〇四八-六五一-〇〇五三

ISBN978-4-480-06948-1 C0245

ちくま新書

968 植物からの警告 湯浅浩史
いま、世界各地で生態系に大変化が生じている。植物と人間のいとなみの関わりを解説しながら、環境変動の実態を現場から報告する。ふしぎな植物のカラー写真満載。

876 古事記を読みなおす 三浦佑之
日本書紀には存在しない出雲神話がなぜ古事記では語られるのか？　序文のいう編纂の経緯は真実か？　この歴史書の謎を解きあかし、神話や伝承の古層を掘りおこす。

879 ヒトの進化　七〇〇万年史 河合信和
画期的な化石の発見が相次ぎ、人類史はいま大幅な書き換えを迫られている。つい一万数千年前まで生きていた謎の小型人類など、最新の発掘成果と学説を解説する。

1137 たたかう植物 ――仁義なき生存戦略 稲垣栄洋
じっと動かない植物の世界。しかしそこにあるのは穏やかな癒しなどではない！　昆虫と病原菌と人間の仁義なきバトルに大接近！　多様な生存戦略に迫る。

584 日本の花〈カラー新書〉 柳宗民
日本の花はいささか地味ではあるけれど、しみじみとした美しさを漂わせている。健気で可憐な花々は、知れば知るほど面白い。育成のコツも指南する味わい深い観賞記。

952 花の歳時記〈カラー新書〉 長谷川櫂
花を詠んだ俳句には古今に名句が数多い。その中から選りすぐりの約三百句に美しいカラー写真と流麗な鑑賞文を付し、作句のポイントを解説。散策にも必携の一冊。

1095 日本の樹木〈カラー新書〉 舘野正樹
暮らしの傍らでしずかに佇み、文化を支えてきた日本の樹木。生物学から生態学までをふまえ、ヒノキ、ブナ、ケヤキなど代表的な26種について楽しく学ぶ。